JN042505

ディズニー暗記カード

SCIENCE

中学理科

CONTENTS もくじ

1年	カード番号

 この本の特長と使い方

 表紙カード

水中の小さな生物	1
花のつくり	3
根・葉のつくり	12
植物の特徴と分類	17
動物の特徴と分類	26
物質とその性質	42
気体の性質	53
水溶液の性質	71
状態変化	89
光による現象	101
音による現象	120
力による現象	126
火山	142
地震	157
地層のでき方	172

 生物

 化学

 物理

 地学

要点チェックシート ダウンロードについて

この本で勉強した要点が身についているかどうかを確認できる、チェックシートがダウンロードできます。ダウンロードはこちらのURLと二次元コードから。

https://gakken-ep.jp/extra/disneycard_science_download/

2年

	カード番号
顕微鏡の使い方	196
生物と細胞	199
植物のからだのつくり	206
植物と日光	214
消化と吸収	218
呼吸	238
血液の循環	244
排出のしくみ	255
刺激と反応	258
動物のからだ	272
物質の変化	275
物質の成り立ち	285
物質どうしの化学変化	300
化学変化と質量	315
電流の性質	324
電流と電圧	328
電気エネルギー	350
電流の正体	358
電流と磁界	361
気象の観測	373
大気圧と圧力	379
気団と前線	382
日本の天気	391
雲のでき方と水蒸気	395

3年

	カード番号
生物の成長と細胞の変化	400
生物の生殖	405
遺伝の規則性と遺伝子	418
生物の進化	422
生態系と食物連鎖	425
自然と環境	436
人間と自然環境	441
水溶液とイオン	444
化学変化と電池	468
酸，アルカリ	472
酸，アルカリと塩	487
力のつり合いと合成・分解	492
物体の運動	496
水圧と浮力	503
エネルギーと仕事	509
エネルギーの移り変わり	521
エネルギー資源の利用	526
科学技術の発展	533
地球の動きと天体の動き	535
太陽系の天体	552
月と惑星の見え方	564
自然の恵みと災害	568

この本の特長と使い方

コンパクトだから持ち歩ける！

ポケットに入る超コンパクトサイズで，トイレ，電車，学校などどこでも持ち歩いてすき間時間に勉強できる。

勉強しやすい一問一答式

一問一答式だからクイズ感覚でサクサクできる。テスト範囲のカードを切り取って，重要ポイントを確認しよう。テスト直前なら，最重要カードだけをピックアップするのも○。

学年・単元・重要度が一目でわかる！

カード1枚1枚に，学年・単元・重要度が表示されているから，必要なカードを切り取って，自分だけのオリジナル暗記帳をつくれる。

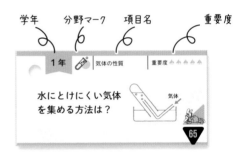

カードの上手な切り方

たてのミシン目にそってしっかり折る

折り目の端をつまんで少しだけ切る

ミシン目の内側を押さえながら，少し丸めるようにして，切りとる

SCIENCE
中学理科

表紙カードの使い方
余白の部分に「期末テスト」や
「苦手用語」など暗記帳のタイトルを
書こう！
ココ！
期末テスト

Daisy Duck

Donald Duck

SCIENCE

SCIENCE

SCIENCE

Donald and Daisy

SCIENCE

SCIENCE

1年 水中の小さな生物	重要度

A，Bの生物を
何という？

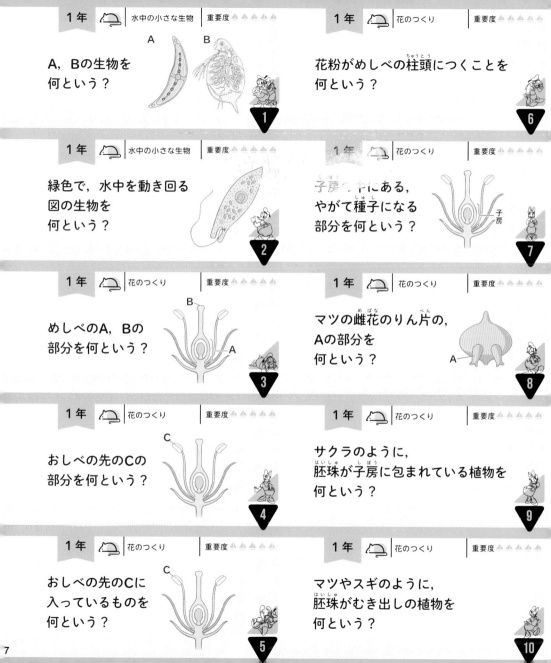

1

1年 水中の小さな生物	重要度

緑色で，水中を動き回る
図の生物を
何という？

2

1年 花のつくり	重要度

めしべのA，Bの
部分を何という？

3

1年 花のつくり	重要度

おしべの先のCの
部分を何という？

4

1年 花のつくり	重要度

おしべの先のCに
入っているものを
何という？

5

1年 花のつくり	重要度

花粉がめしべの柱頭につくことを
何という？

6

1年 花のつくり	重要度

子房の中にある，
やがて種子になる
部分を何という？

7

1年 花のつくり	重要度

マツの雌花のりん片の，
Aの部分を
何という？

8

1年 花のつくり	重要度

サクラのように，
胚珠が子房に包まれている植物を
何という？

9

1年 花のつくり	重要度

マツやスギのように，
胚珠がむき出しの植物を
何という？

10

1年　花のつくり	1年　水中の小さな生物
受粉 (じゅふん)	A ミカヅキモ B ミジンコ
胚珠 (はいしゅ) 子房 (しぼう)	ミドリムシ
胚珠 (はいしゅ) A	A 子房 (しぼう) B 柱頭 (ちゅうとう)
被子植物 (ひししょくぶつ) 解説 被子植物は，子房がふくらんで果実になり，胚珠は種子になる。 〈例〉アブラナ，エンドウ，ツツジ，ヒマワリなど。	やく
裸子植物 (らししょくぶつ) 解説 裸子植物は，子房がなく，果実はできない。種子だけができる。 〈例〉イチョウ，ソテツなど。	花粉

©2021 Disney

1年	花のつくり	重要度

花をつけて種子をつくる植物を
何という？

11

1年	根・葉のつくり	重要度

ホウセンカなどの
植物の葉脈のつくりを
何という？

16

1年	根・葉のつくり	重要度

タンポポなどの
植物の根のA, Bを
何という？

12

1年	植物の特徴と分類	重要度

図のように，
子葉が1枚の
被子植物を何という？

17

1年	根・葉のつくり	重要度

イネの根のように，
たくさんの細い根を
何という？

13

1年	植物の特徴と分類	重要度

図のように，
子葉が2枚の
被子植物を何という？

18

1年	根・葉のつくり	重要度

根の先端近くにある
毛のようなものを
何という？

14

1年	植物の特徴と分類	重要度

双子葉類のうち，花弁のもとの
部分がくっついている植物を
何という？

19

1年	根・葉のつくり	重要度

トウモロコシなどの
植物の葉脈のつくりを
何という？

15

1年	植物の特徴と分類	重要度

双子葉類のうち，花弁が1枚1枚
離れている植物を何という？

20

1 年 根・葉のつくり

もうじょうみゃく
網状脈

---

1 年 花のつくり

しゅ し しょくぶつ
種子植物

---

1 年 植物の特徴と分類

たん し ようるい
単子葉類

解説
〈例〉イネ, トウモロコシ, ツ
ユクサなど。

---

1 年 根・葉のつくり

A 主根
B 側根

---

1 年 植物の特徴と分類

そう し ようるい
双子葉類

解説
〈例〉ヒマワリ, アサガオ, タ
ンポポ, ナズナなど。

---

1 年 根・葉のつくり

ひげ根

---

1 年 植物の特徴と分類

ごう べん か るい
合弁花類

解説
〈例〉ツツジ, タンポポ, アサ
ガオなど。

---

1 年 根・葉のつくり

こん もう
根毛

---

1 年 植物の特徴と分類

り べん か るい
離弁花類

解説
〈例〉サクラ, アブラナ, エン
ドウなど。

---

1 年 根・葉のつくり

へいこうみゃく
平行脈

種子をつくらない植物のうち,
イヌワラビなどのなかまを
何という？

21

コイやメダカなどの脊椎動物を
何類という？

26

種子をつくらない植物のうち,
ゼニゴケなどのなかまを
何という？

22

カエルやサンショウウオなどの
脊椎動物を何類という？

27

根，茎，葉の区別がない植物は,
シダ植物，コケ植物のどちら？

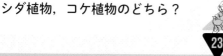

23

カメやトカゲなどの脊椎動物を
何類という？

28

イヌワラビやゼニゴケは,
何をつくってなかまを
ふやす？

24

ハトやペンギンなどの脊椎動物を
何類という？

29

イヌワラビの葉の
裏にあるAを何と
いう？

A
胞子

25

ウサギやイヌなどの脊椎動物を
何類という？

30

1年	動物の特徴と分類

魚類（ぎょるい）

解説
魚類はえらで呼吸して，水中に殻のない卵を産む。
〈例〉コイ，サメ，メダカなど。

©2021 Disney

1年	植物の特徴と分類

シダ植物

解説
シダ植物には，イヌワラビのほか，ゼンマイやスギナなどがある。

©2021 Disney

1年	動物の特徴と分類

両生類（りょうせいるい）

解説
両生類は，子のときはえらと皮膚で呼吸し，成長すると肺と皮膚で呼吸する。水中に殻のない卵を産む。
〈例〉カエル，イモリなど。

©2021 Disney

1年	植物の特徴と分類

コケ植物

解説
コケ植物には，ゼニゴケのほか，スギゴケなどがある。

©2021 Disney

1年	動物の特徴と分類

は虫類（ちゅうるい）

解説
は虫類は肺で呼吸し，体表はうろこでおおわれていて，乾燥に強い。陸上に殻のある卵を産む。

©2021 Disney

1年	植物の特徴と分類

コケ植物

解説
コケ植物にある根のようなものは，仮根といい，からだを地面に固定するはたらきをもつ。
水はからだの表面全体から吸収する。

©2021 Disney

1年	動物の特徴と分類

鳥類（ちょうるい）

解説
鳥類は肺で呼吸し，体表は羽毛でおおわれている。陸上に巣をつくり，かたい殻のある卵を産む。子はしばらくの間，親から食物を与えられる。

©2021 Disney

1年	植物の特徴と分類

胞子（ほうし）

©2021 Disney

1年	動物の特徴と分類

哺乳類（ほにゅうるい）

解説
哺乳類は肺で呼吸する。子は母体内でからだができてから生まれる胎生。生まれた子は，しばらくの間，母親が出す乳で育てられる。

©2021 Disney

1年	植物の特徴と分類

胞子のう（ほうし）

©2021 Disney

1

親が卵を産んで，卵から子がかえる
ふやし方を何という？

31

節足動物のからだの外側を
おおっている骨格を何という？

36

子が母体内である程度育ってから
生まれるふやし方を何という？

32

外とう膜をもつ，貝やイカ，タコの
なかまを何という？

37

胎生の動物はどれ？
A 魚類　　B は虫類
C 哺乳類

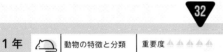

33

魚類の呼吸のしかたを
何呼吸という？

38

背骨をもたない動物を
何という？

34

ほかの動物を食べて生活する動物を
何という？

39

背骨をもたず，からだやあしが
いくつかの節に分かれた殻で
おおわれている動物を何という？

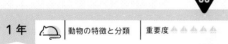

35

肉食動物は，犬歯と門歯の
どちらの歯が発達している？

40

がいこっかく
外骨格

らんせい
卵生

なんたいどうぶつ
軟体動物

解説
軟体動物のからだやあしには節がない。タコやイカなどのほか、アサリやマイマイのように貝殻をもつものもある。

たいせい
胎生

こ きゅう
えら呼吸

ほ にゅうるい
C 哺乳類

肉食動物

む せきついどうぶつ
無脊椎動物

けん し
犬歯

せっそくどうぶつ
節足動物

解説
節足動物には、昆虫類、甲殻類がある。
その他、クモ類やムカデ類などもある。

| 1年 動物の特徴と分類 | 重要度 ⛰⛰⛰ |

肉食動物と草食動物で，
視野が広いのはどちら？

41

| 1年 物質とその性質 | 重要度 ⛰⛰⛰ |

プラスチックが燃えると，
発生する気体は水蒸気と何？

46

| 1年 物質とその性質 | 重要度 ⛰⛰⛰ |

ガスバーナーのA，
Bを何という？

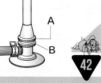

42

| 1年 物質とその性質 | 重要度 ⛰⛰⛰ |

有機物以外の物質を何という？

47

| 1年 物質とその性質 | 重要度 ⛰⛰⛰ |

炭素をふくみ，加熱すると燃えて
二酸化炭素を生じる物質を
何という？

43

| 1年 物質とその性質 | 重要度 ⛰⛰⛰ |

電気を通し，みがくと特有な光沢が
出る物質を何という？

48

| 1年 物質とその性質 | 重要度 ⛰⛰⛰ |

砂糖を熱するとどうなる？

44

| 1年 物質とその性質 | 重要度 ⛰⛰⛰ |

ガラスやプラスチックは
金属，非金属のどちら？

49

| 1年 物質とその性質 | 重要度 ⛰⛰⛰ |

食塩を熱すると燃える，
燃えないのどちら？

45

| 1年 物質とその性質 | 重要度 ⛰⛰⛰ |

上皿てんびんではかることができる
物質の量を何という？

50

1年  | 物質とその性質

二酸化炭素

1年 🔔 | 動物の特徴と分類

草食動物

1年 🧪 | 物質とその性質

解説
〈例〉
食塩，鉄，ガラス，酸素，水
など。

むきぶつ
無機物

1年 🧪 | 物質とその性質

A 空気調節ねじ
B ガス調節ねじ

A
B

1年 🧪 | 物質とその性質

きんぞく
金属

1年 🧪 | 物質とその性質

解説
一酸化炭素や二酸化炭素は炭
素をふくむが，有機物ではな
い。

ゆうきぶつ
有機物

1年 🧪 | 物質とその性質

ひ きんぞく
非金属

1年 🧪 | 物質とその性質

解説
強く熱すると，炎を出して燃
え，二酸化炭素と水ができる。

黒くこげて，
すみ
炭ができる

1年 🧪 | 物質とその性質

しつりょう
質量

1年 🧪 | 物質とその性質

燃えない

1年	物質とその性質	重要度

物質1cm³あたりの質量を
何という？

51

1年	気体の性質	重要度

二酸化マンガンにオキシドール
（うすい過酸化水素水）を加えると，
発生する気体は？

56

1年	物質とその性質	重要度

物質の密度を求める式は？

52

1年	気体の性質	重要度

酸素が入った試験管に
火のついた線香を入れると，
どうなる？

57

1年	気体の性質	重要度

石灰石にうすい塩酸を加えると，
発生する気体は？

53

1年	気体の性質	重要度

亜鉛にうすい塩酸を加えると，
発生する気体は？

58

1年	気体の性質	重要度

二酸化炭素の水溶液は何性？

54

1年	気体の性質	重要度

水素が燃えると何ができる？

59

1年	気体の性質	重要度

石灰水に二酸化炭素を通すと，
石灰水はどうなる？

55

1年	気体の性質	重要度

空気の成分で，体積の約78％を
占める気体は？

60

1年 🧪 気体の性質 ©2021 Disney	**1年** 🧪 物質とその性質 ©2021 Disney
酸素	密度（みつど）

1年 🧪 気体の性質 ©2021 Disney	**1年** 🧪 物質とその性質 ©2021 Disney
激しく（よく）燃える	密度（みつど）〔g/cm³〕= 質量（しつりょう）〔g〕／体積〔cm³〕

$$\text{密度}\,(g/cm^3) = \frac{\text{質量}\,(g)}{\text{体積}\,(cm^3)}$$

1年 🧪 気体の性質 ©2021 Disney	**1年** 🧪 気体の性質 ©2021 Disney
水素	二酸化炭素

解説
亜鉛（あえん）のかわりにマグネシウムやアルミニウム，鉄などの金属を用いても発生させることができる。また，うすい塩酸のかわりにうすい硫酸（りゅうさん）を用いてもよい。

1年 🧪 気体の性質 ©2021 Disney	**1年** 🧪 気体の性質 ©2021 Disney
水	酸性

1年 🧪 気体の性質 ©2021 Disney	**1年** 🧪 気体の性質 ©2021 Disney
窒素（ちっそ）	白くにごる

解説
空気の成分は，体積の割合で窒素約78％，酸素約21％，そのほか二酸化炭素などが約1％。

18

塩化アンモニウムと
水酸化カルシウムを混ぜて
加熱すると，発生する気体は？

61

アンモニアがとけた水溶液は何性？

62

物質の中で最も軽く，
空気中で爆発して
燃える気体は？

63

刺激臭がある気体はどれ？
A 酸素　　B 窒素
C アンモニア

64

水にとけにくい気体
を集める方法は？

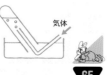

65

水にとけやすく，
空気より重い気体
を集める方法は？

66

水にとけやすく，
空気より軽い気体を
集める方法は？

67

水上置換法で集めるのに適した気体は
どちら？
A アンモニア　　B 酸素

68

上方置換法で集めるのに適した気体は
どちら？
A 二酸化炭素　　B アンモニア

69

下方置換法で集めることができる気体
はどちら？
A 二酸化炭素　　B 水素

70

下方置換法
（かほうちかんほう）

気体

©2021 Disney

アンモニア

©2021 Disney

上方置換法
（じょうほうちかんほう）

気体

©2021 Disney

アルカリ性

©2021 Disney

B 酸素

解説
酸素は水にとけにくいので，水上置換法（すいじょうちかんほう）で集めることができる。
アンモニアは水に非常によくとけるので，水上置換法は適さない。

©2021 Disney

水素

解説
水素は最も密度（みつど）が小さく，水にとけにくい気体。マッチの火を近づけると，音を立てて燃えて，水ができる。

©2021 Disney

B アンモニア

解説
アンモニアは空気より密度（みつど）が小さく，水に非常にとけやすいため，上方置換法（じょうほうちかんほう）で集める。二酸化炭素は空気よりも密度が大きいため，上方置換法は適さない。

©2021 Disney

C アンモニア

解説
アンモニアは，刺激臭（しげきしゅう）があり，水溶液（すいようえき）はアルカリ性を示す。

©2021 Disney

A 二酸化炭素

解説
二酸化炭素は空気より密度（みつど）が大きいため，下方置換法で集めることができる。
水素は空気より密度が小さいため，下方置換法は適さない。

©2021 Disney

水上置換法
（すいじょうちかんほう）

気体

©2021 Disney

1年	水溶液の性質	重要度 ⚓⚓⚓

液体にとけている物質を何という？

71

1年	水溶液の性質	重要度 ⚓⚓⚓

水溶液は透明な液体か，にごっている液体か？

76

1年	水溶液の性質	重要度 ⚓⚓⚓

溶質をとかしている液体を何という？

72

1年	水溶液の性質	重要度 ⚓⚓⚓

水や酸素のように，1種類の物質でできているものを何という？

77

1年	水溶液の性質	重要度 ⚓⚓⚓

溶質が溶媒にとけた液体全体を何という？

73

1年	水溶液の性質	重要度 ⚓⚓⚓

質量パーセント濃度を求める式は？

78

1年	水溶液の性質	重要度 ⚓⚓⚓

溶質をとかしている液体が水の溶液を何という？

74

1年	水溶液の性質	重要度 ⚓⚓⚓

水100gに，砂糖25gをとかしたときの砂糖水の濃度は？

砂糖25g ＋ 水100g

79

1年	水溶液の性質	重要度 ⚓⚓⚓

水溶液の濃さはどの部分も同じか，ちがうか？

75

1年	水溶液の性質	重要度 ⚓⚓⚓

ろ過のしかたで，ろうとのあしはとがったほうをどこにつける？

80

とうめい
透明な液体

ようしつ
溶質

じゅんすい ぶっしつ じゅんぶっしつ
純粋な物質（純物質）

ようばい
溶媒

しつりょう のうど
質量パーセント濃度〔％〕

$$= \frac{溶質の質量〔g〕}{溶液の質量〔g〕} \times 100$$

ようえき
溶液

20％

解説
$$\frac{25\,g}{100\,g + 25\,g} \times 100 = 20$$
よって，20％

すいようえき
水溶液

かべ
ビーカーの壁

同じ

ある物質が限度までとけている
状態の水溶液を何という？

81

固体を一度水にとかしたあと，
再び結晶としてとり出すことを
何という？

86

水100gにとける物質の
質量〔g〕の値のことを
何という？

82

水溶液を冷やして，結晶をとり出すの
に適した物質はどちら？
A ミョウバン　B 塩化ナトリウム(食塩)

87

水の温度ごとの溶解度をなめらかな
曲線のグラフに表したものを
何という？

83

水溶液の水を蒸発させて，結晶をとり
出すことができる物質はどちら？
A 塩化水素　B 塩化ナトリウム(食塩)

88

純粋な物質で，
規則正しい形をした
固体を何という？

84

温度によって，物質の状態が変わる
ことを何という？

89

A，Bは何の結晶？

A　　B

85

A〜Cの
状態は？

A　　B　　C

90

3

さいけっしょう
再結晶

ほう わ すいようえき
飽和水溶液

A ミョウバン

解説
温度による溶解度の差が大きい物質をとり出すのに適している。
〈例〉ミョウバン，硫酸銅，硝酸カリウムなど。

ようかい ど
溶解度

B 塩化ナトリウム（食塩）

ようかい ど きょくせん
溶解度曲線

じょうたいへん か
状態変化

けっしょう
結晶

塩化ナトリウム
（食塩）

ミョウバン

A 固体
B 液体
C 気体

A B C

A 塩化ナトリウム（食塩）
B ミョウバン

A B

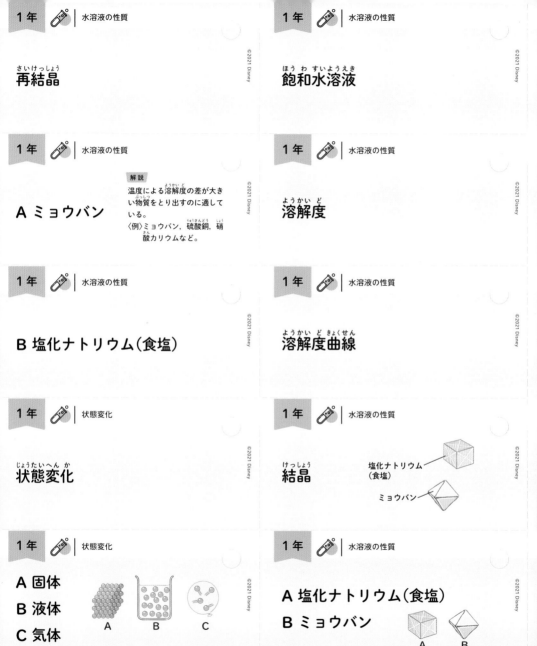

1年	状態変化	重要度 ⚠⚠⚠

水が液体から固体に
変化するとき，
体積はどうなる？

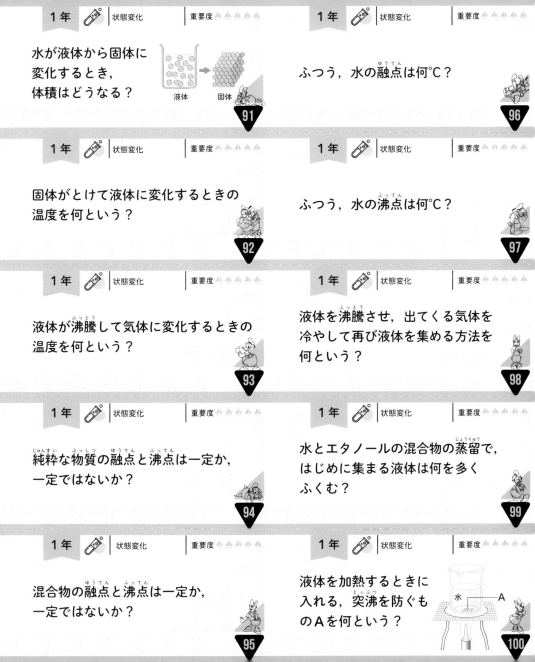

液体　固体

91

1年	状態変化	重要度 ⚠⚠⚠

ふつう，水の融点(ゆうてん)は何℃？

96

1年	状態変化	重要度 ⚠⚠⚠

固体がとけて液体に変化するときの
温度を何という？

92

1年	状態変化	重要度 ⚠⚠⚠

ふつう，水の沸点(ふってん)は何℃？

97

1年	状態変化	重要度 ⚠⚠⚠

液体が沸騰(ふっとう)して気体に変化するときの
温度を何という？

93

1年	状態変化	重要度 ⚠⚠⚠

液体を沸騰(ふっとう)させ，出てくる気体を
冷やして再び液体を集める方法を
何という？

98

1年	状態変化	重要度 ⚠⚠⚠

純粋(じゅんすい)な物質(ぶっしつ)の融点(ゆうてん)と沸点(ふってん)は一定か，
一定ではないか？

94

1年	状態変化	重要度 ⚠⚠⚠

水とエタノールの混合物の蒸留(じょうりゅう)で，
はじめに集まる液体は何を多く
ふくむ？

99

1年	状態変化	重要度 ⚠⚠⚠

混合物の融点(ゆうてん)と沸点(ふってん)は一定か，
一定ではないか？

95

1年	状態変化	重要度 ⚠⚠⚠

液体を加熱するときに
入れる，突沸(とっぷつ)を防ぐも
のAを何という？

水　A

100

1年 🧪 状態変化

0℃

1年 🧪 状態変化

解説
ほとんどの物質は，液体→固体の状態変化で体積が減少するが，水は例外で，体積が増加する。

増加する

1年 🧪 状態変化

100℃

1年 🧪 状態変化

融点
ゆうてん

1年 🧪 状態変化

蒸留
じょうりゅう

1年 🧪 状態変化

沸点
ふってん

1年 🧪 状態変化

解説
エタノールの沸点は約78℃，水の沸点は100℃なので，沸点の低いエタノールのほうが先に多く出てくる。

エタノール

1年 🧪 状態変化

一定

1年 🧪 状態変化

沸騰石
ふっとうせき

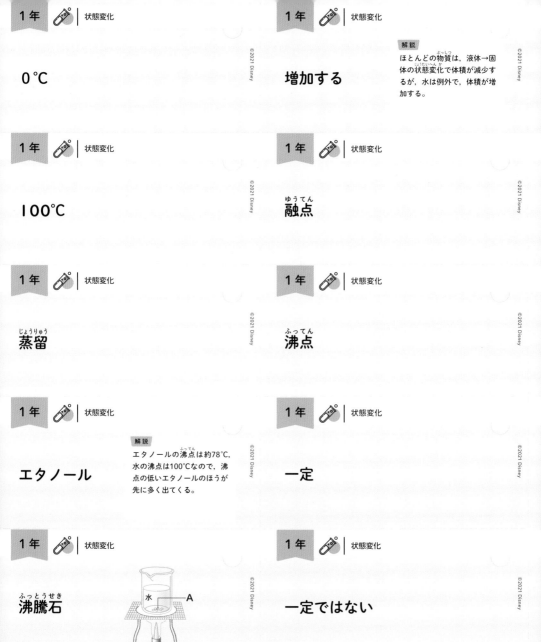

水 A

1年 🧪 状態変化

一定ではない

2

光が鏡などの表面に当たって
はね返ることを何という？

101

光が反射するとき,
入射角＝反射角　となることを
何の法則という？

106

光が鏡などの表面に当たって
はね返るとき，鏡などに
入ってくる光のことを何という？

102

光が種類のちがう物質へ進むとき,
物質の境界面で光が曲がる現象を
何という？

107

鏡などで反射して出ていく光を
何という？

103

Aの角を
何という？

光
空気
水
A

108

A，Bの角を
何という？

光
A B
鏡

104

光が空気中から水中に屈折して進む
ときの角の大きさの関係は？
入射角 □ 屈折角

109

光が鏡などの表面で反射するときの
角の大きさの関係は？
入射角 □ 反射角

105

光が水中から空気中へ屈折して進む
ときの角の大きさの関係は？
入射角 □ 屈折角

110

（光の）反射の法則

（光の）反射

（光の）屈折

にゅうしゃこう
入射光

くっせつかく
屈折角

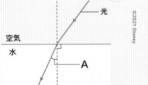

はんしゃこう
反射光

にゅうしゃかく　くっせつかく
入射角 ＞ 屈折角

にゅうしゃかく
A 入射角
はんしゃかく
B 反射角

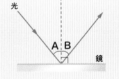

にゅうしゃかく　くっせつかく
入射角 ＜ 屈折角

にゅうしゃかく　はんしゃかく
入射角 ＝ 反射角

光が種類のちがう物質へ進むとき，境界面ですべて反射する現象を何という？

111

凸レンズの焦点を通る光は，屈折後，光軸にどのように進む？

物体　凸レンズ　焦点　光軸　焦点　像

116

Aの点を何という？

物体　凸レンズ　A　光軸　A　像

112

物体が凸レンズの焦点距離の2倍の位置にあるとき，できる像の向きと大きさは？

117

Aの距離を何という？

A　焦点　凸レンズ

113

物体が凸レンズの焦点よりも外側にあるときにできる像を何という？

118

凸レンズの中心を通る光の進み方は？

物体　凸レンズ　中心　光軸　焦点　焦点　像

114

スクリーンに映らず，凸レンズを通して見える像を何という？

119

光軸と平行に進む光は屈折後どこを通る？

物体　凸レンズ　光軸　焦点　焦点　像

115

Aの幅を何という？

A　弦

モノコードの弦のゆれのようす

120

9

平行に進む

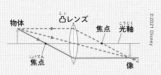

全反射

解説
光が水やガラスから空気中へ進むとき，屈折角が一定の角度（90°）以上になると，光は空気中へ出ていくことなく，境界面ですべて反射する。

上下左右が逆で
同じ大きさ（の像）

焦点

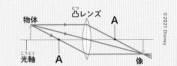

実像

解説
実像は，光が実際に集まってできる像で，スクリーン上に映すことができる。

焦点距離

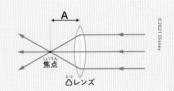

虚像

解説
物体（光源）が焦点の内側にあるとき，実像はできない。

直進する

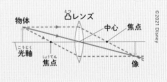

振幅

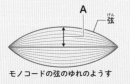

モノコードの弦のようす

焦点（を通る）

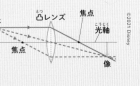

1年	音による現象	重要度 ⚓⚓⚓

1秒間に弦などの音源が振動する
回数を何という？

121

1年	音による現象	重要度 ⚓⚓⚓

音源の振幅が大きいほど，
音の大きさはどうなる？

122

1年	音による現象	重要度 ⚓⚓⚓

音源の振動数が多いほど，
音の高さはどうなる？

123

1年	音による現象	重要度 ⚓⚓⚓

2地点AB間を伝わる音の
速さを求める式は？

124

1年	音による現象	重要度 ⚓⚓⚓

花火が見えてから3秒後に音が聞こえ
た。空気中での音の速さが340m/s
のときの花火までの距離は？

125

1年	力による現象	重要度 ⚓⚓⚓

物体が受ける力の3つの
はたらきは？

126

1年	力による現象	重要度 ⚓⚓⚓

ゴムやばねが，もとの長さや形に
もどろうとするときに生じる力を
何という？

127

1年	力による現象	重要度 ⚓⚓⚓

物体が地球の中心に向かって
引っ張られる力を何という？

128

1年	力による現象	重要度 ⚓⚓⚓

力の大きさの単位は何？

129

1年	力による現象	重要度 ⚓⚓⚓

質量100gの物体にはたらく
重力を1Nとすると，
質量15kgでは何N?

130

物体の形を変える
物体を支える
物体の動きを変える

振動数

弾性の力（弾性力）

大きくなる

重力

高くなる

ニュートン（N）

$$音の速さ〔m/s〕 = \frac{ＡＢ間の距離〔m〕}{音がＡＢ間を伝わる時間〔s〕}$$

150N

解説
質量15kgは15000g。
質量100gの物体にはたらく
重力が1Nなので，質量15kg
では150Nの力がはたらく。

1020m

解説
距離〔m〕=音の速さ〔m/s〕×
音の伝わる時間〔s〕より，
340m/s×3s＝1020m

ばねののびは，ばねに加えた力の
大きさに比例する。この関係を
何の法則という？

131

力の表し方で，
矢の向きは
何を表す？

矢の向き

136

50ｇのおもりをばねにつるすと，ばね
ののびは3cm。300ｇのおもりを
つるすと，ばねののびは何cm？

132

力の表し方で，
矢の根もとは
何を表す？

矢の根もと

137

ふれ合った物体がこすれるときに
はたらく，物体の動きをさまたげる
力を何という？

133

場所や状態，温度などが変わっても
変化しない，物体そのものの量を
何という？

138

磁力は，磁石と物体が
離れているときも力が
はたらくか，はたらかないか？

134

机の上に物体を置いたとき，
その面から垂直に物体に
はたらく力を何という？

139

力の表し方で，
矢の長さは
何を表す？

矢の長さ

135

2力がつり合うとき，
2力の大きさは
どうなっている？

140

力の向き

矢の向き

フックの法則

作用点
（力のはたらく点）

矢の根もと

解説
50gのおもりをつるしたとき
のばねののびは3cmだから，
300gのおもりでは，
300g÷50g=6より，ばねは6
倍のびる。
よって，3cm×6=18cm

18cm

しつりょう
質量

解説
場所や状態によって変わらな
い，物体そのものの量を質量
という。一方，重さは物体に
はたらく重力の大きさのこと
で，場所によって変化する。

ま さつ　　　　ま さつりょく
摩擦の力（摩擦力）

すいちょくこうりょく
垂直抗力

垂直抗力
本
机
本にはたらく重力

はたらく

同じ（等しい）

力の大きさ

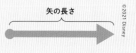

矢の長さ

2力がつり合うとき，2力の向きは
同じ向きか，反対の向きか？

141

火山灰などの中にある，マグマが
冷えて結晶になったものを
何という？

146

火山の地下にある，高温で岩石が
どろどろにとけたものを
何という？

142

無色鉱物はどちら？
A 石英　　**B** カンラン石

147

火山の噴火で噴き出される，
マグマがもとになってできた
ものをまとめて何という？

143

有色鉱物はどちら？
A 長石　　**B** 黒雲母

148

マグマが地表に流れ出たものを
何という？

144

マグマが冷えて固まってできた
岩石を何という？

149

ねばりけが強いマグマが
冷え固まった岩石の色は？
A 白っぽい　　**B** 黒っぽい

145

マグマが地表や地表近くで，
急に冷え固まってできた岩石を
何という？

150

1年 火山	1年 力による現象

鉱物
こうぶつ

反対の向き

©2021 Disney

1年 火山	1年 火山

A 石英
せきえい

> **解説**
> 無色鉱物で代表的なものは，ほかに，長石がある。
> むしょくこうぶつ　ちょうせき

マグマ

©2021 Disney

1年 火山	1年 火山

B 黒雲母
くろうんも

> **解説**
> 有色鉱物で代表的なものは，ほかに，カクセン石，輝石，カンラン石，磁鉄鉱などがある。
> ゆうしょくこうぶつ　きせき　じてっこう

火山噴出物
かざんふんしゅつぶつ

> **解説**
> 溶岩，火山弾，火山灰，火山れき，軽石，火山ガス（おもに水蒸気）などがある。
> ようがん　かざんだん　かざんばい　かるいし

©2021 Disney

1年 火山	1年 火山

火成岩
かせいがん

溶岩
ようがん

©2021 Disney

1年 火山	1年 火山

火山岩
かざんがん

A 白っぽい

©2021 Disney

火山岩はどちら？
A 花こう岩　　B 玄武岩

151

図のような
深成岩のつくりを
何という？

156

マグマが地下の深いところで,
ゆっくり冷え固まってできた
岩石を何という？

152

地震が発生した
Aの地点を
何という？

157

深成岩はどっち？
A 斑れい岩　　B 安山岩

153

地震のゆれで, はじめの
小さなゆれを何という？

158

図のような
火山岩のつくりを
何という？

154

初期微動のあとからくる
大きなゆれを何という？

159

火山岩のつくりで,
図のA, Bを
何という？

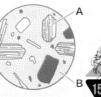

155

初期微動が起こってから,
主要動が始まるまでの時間を
何という？

160

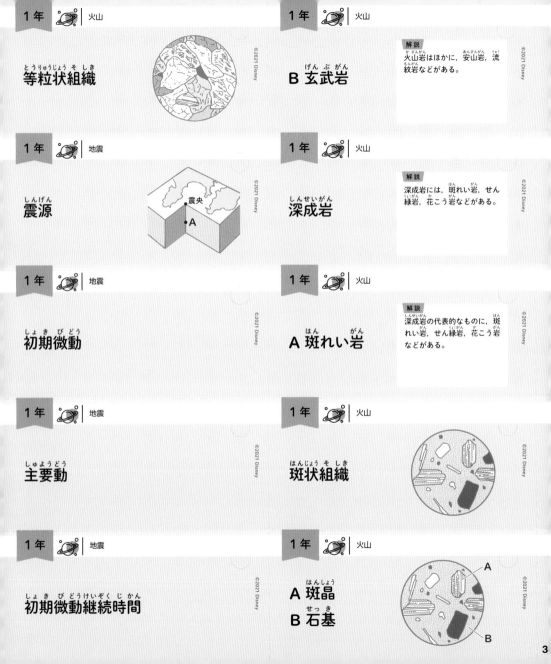

等粒状組織
（とうりゅうじょうそしき）

B 玄武岩
（げんぶがん）

解説
火山岩はほかに，安山岩，流紋岩などがある。

震源
（しんげん）

震央
・A

深成岩
（しんせいがん）

解説
深成岩には，斑れい岩，せん緑岩，花こう岩などがある。

初期微動
（しょきびどう）

A 斑れい岩
（はんれいがん）

解説
深成岩の代表的なものに，斑れい岩，せん緑岩，花こう岩などがある。

主要動
（しゅようどう）

斑状組織
（はんじょうそしき）

初期微動継続時間
（しょきびどうけいぞくじかん）

A 斑晶
（はんしょう）
B 石基
（せっき）

A
B

©2021 Disney

地震の初期微動を伝える波を
何という？

161

地震の主要動を伝える
波を何という？

162

地震のゆれの程度を表すものを
各地点での何という？

163

震度はふつう，震源から遠くなるほど
どうなる？

164

地震の規模を示し，その大きさを
記号Mで表すものを
何という？

165

地層に大きな力がはたらき，地層が
ずれたものを何という？

166

過去に生じた断層で，今後も地震を
起こす可能性がある断層を
何という？

167

地震などによって，土地が
盛り上がることを
何という？

168

地震などによって，土地が沈むことを
何という？

169

地球の表面をおおっている，
厚さ100kmくらいの岩盤を
何という？

170

1年	🪐	地震		1年	🪐	地震

©2021 Disney

断層
だんそう

©2021 Disney

P波

1年	🪐	地震		1年	🪐	地震

©2021 Disney

活断層
かつだんそう

©2021 Disney

S波

1年	🪐	地震		1年	🪐	地震

©2021 Disney

隆起
りゅうき

©2021 Disney

解説

震度は0～7の10段階に分かれている。各地点での震度は,震央からの距離が同じでも,地盤の性質などのちがいから,異なることがある。
しんおう きょり じばん

震度
しんど

1年	🪐	地震		1年	🪐	地震

©2021 Disney

沈降
ちんこう

©2021 Disney

小さくなる

1年	🪐	地震		1年	🪐	地震

©2021 Disney

プレート

©2021 Disney

マグニチュード

1年 地震	重要度 ⚓⚓⚓⚓⚓

海底で起こった地震によって
生じることがある，大きな波や
うねりを何という？

171

1年 地層のでき方	重要度 ⚓⚓⚓⚓⚓

過去の生物の死がいや，生活の
あとなどが地層中に残ったものを
何という？

176

1年 地層のでき方	重要度 ⚓⚓⚓⚓

気温の変化，風雨などによって
岩石がもろくなることを
何という？

172

1年 地層のでき方	重要度 ⚓⚓⚓⚓⚓

地層が堆積した当時の環境を
知ることができる化石を
何という？

177

1年 地層のでき方	重要度 ⚓⚓⚓⚓

陸に降った雨水や流水によって，
岩石がけずられることを
何という？

173

1年 地層のでき方	重要度 ⚓⚓⚓⚓⚓

地層が堆積した時代を
知ることができる化石を
何という？

178

1年 地層のでき方	重要度 ⚓⚓⚓⚓

侵食された土砂が，流水で
運ばれることを何という？

174

1年 地層のでき方	重要度 ⚓⚓⚓⚓

化石などから決められる
地球の年代のことを
何という？

179

1年 地層のでき方	重要度 ⚓⚓⚓⚓

流水で運ばれた土砂が，海岸や
川の流れがゆるやかなところに
積もることを何という？

175

1年 地層のでき方	重要度 ⚓⚓⚓⚓

A，Bは何と
いう生物の
化石？

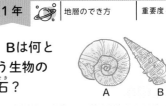

A   B

180

1年 🪐 地層のでき方 ©2021 Disney **化石**	**1年** 🪐 地震 ©2021 Disney 【解説】 津波によって，大きな被害が出ることがある。 つ なみ **津波**
1年 🪐 地層のでき方 ©2021 Disney し そう か せき **示相化石**	**1年** 🪐 地層のでき方 ©2021 Disney ふう か **風化**
1年 🪐 地層のでき方 ©2021 Disney し じゅん か せき **示準化石**	**1年** 🪐 地層のでき方 ©2021 Disney しんしょく **侵食**
1年 🪐 地層のでき方 ©2021 Disney 【解説】 地球の歴史は，地質年代に区分される。古い時代から，古生代，中生代，新生代などに区分される。 ち しつねんだい **地質年代**	**1年** 🪐 地層のでき方 ©2021 Disney うんぱん **運搬**
1年 🪐 地層のでき方 ©2021 Disney **A アンモナイト** **B ビカリア** 	**1年** 🪐 地層のでき方 ©2021 Disney たいせき **堆積**

化石が示相化石となる生物はどれ？
A サンゴ　　B フズリナ
C アンモナイト

181

化石が示準化石となる生物はどれ？
A ブナ　　B シジミ
C ビカリア

182

化石が古生代の示準化石となる生物は？
A フズリナ　　B アンモナイト
C モノチス

183

化石が中生代の示準化石となる生物は？
A フズリナ　　B アンモナイト
C ビカリア

184

化石が新生代の示準化石となる生物は？
A サンヨウチュウ　　B リンボク
C メタセコイア

185

地層に力がはたらいて，おし曲げられ
たものを何という？

186

地層が長い時間をかけて
おし固められてできた
固い岩石を何という？

187

流水のはたらきを受けた
堆積岩の粒は，
どんな形をしている？

188

おもにれきが固まってできた岩石で，
粒が直径2mm以上の岩石を
何という？

189

おもに砂が固まってできた岩石で，
粒が直径0.06 ～ 2mmの岩石を
何という？

190

しゅう曲

解説
示相化石は，限られた環境で生存する生物の化石で，ほかに次のようなものがある。
アサリ…岸に近い浅い海。
シジミ…河口や湖。
ブナ…やや寒冷な地域の陸地。

A サンゴ

堆積岩

解説
示準化石は，地層ができた時代が推測できる化石。
ビカリアの化石をふくむ地層は，その地層が新生代にできたことがわかる。

C ビカリア

丸みを帯びている

解説
アンモナイトとモノチスの化石は，中生代の示準化石。

A フズリナ

れき岩

解説
フズリナの化石は古生代，ビカリアの化石は新生代の示準化石。

B アンモナイト

砂岩

解説
サンヨウチュウとリンボクの化石は，古生代の示準化石。

C メタセコイア

1年	地層のでき方	重要度 ⚓⚓⚓

おもに泥が固まってできた,
粒が直径0.06mm以下の岩石を
何という？

191

1年	地層のでき方	重要度 ⚓⚓⚓

火山灰などが堆積して固まってできた
岩石を何という？

192

1年	地層のでき方	重要度 ⚓⚓⚓

生物の死がいなどからできた,
主成分が炭酸カルシウムの
岩石を何という？

193

1年	地層のでき方	重要度 ⚓⚓⚓

生物の死がいなどからできた,
主成分が二酸化ケイ素の岩石を
何という？

194

1年	地層のでき方	重要度 ⚓⚓⚓

うすい塩酸をかけると二酸化炭素が
発生する岩石はどちら？
A 石灰岩　　B チャート

195

2年	顕微鏡の使い方	重要度 ⚓⚓⚓

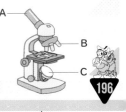

顕微鏡のA～Cを
何という？

196

2年	顕微鏡の使い方	重要度 ⚓⚓⚓

接眼レンズの倍率が10倍,
対物レンズの倍率が40倍のとき,
顕微鏡の倍率は？

197

2年	顕微鏡の使い方	重要度 ⚓⚓⚓

顕微鏡でaを視野の中央で見るには,
プレパラートは左右どちらの向きに
動かす？

198

2年	生物と細胞	重要度 ⚓⚓⚓

染色液によく
染まるAを
何という？

199

2年	生物と細胞	重要度 ⚓⚓⚓

細胞質のいちばん外側の膜を
何という？

200

2年 顕微鏡の使い方

A 接眼レンズ
B 対物レンズ
C 反射鏡（はんしゃきょう）

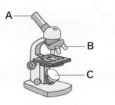

2年 顕微鏡の使い方

400倍

解説
顕微鏡（けんびきょう）の倍率は，
接眼レンズの倍率
　　×対物レンズの倍率
なので，
　　10×40＝400〔倍〕

2年 顕微鏡の使い方

右（に動かす）

顕微鏡の視野

a

※上下左右が逆に見える顕微鏡（けんびきょう）の場合

2年 生物と細胞

核（かく）

A

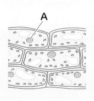

2年 生物と細胞

細胞膜（さいぼうまく）

1年 地層のでき方

泥岩（でいがん）

1年 地層のでき方

凝灰岩（ぎょうかいがん）

1年 地層のでき方

石灰岩（せっかいがん）

解説
生物の死がいや水にとけていた成分が堆積（たいせき）してできた岩石。うすい塩酸をかけると，二酸化炭素が発生する。

1年 地層のでき方

チャート

1年 地層のでき方

A 石灰岩（せっかいがん）

植物の細胞に特徴的な
3つのつくりは何？

201

根から吸収した水や養分が通る管を
何という？

206

核の染色に使われる試薬は何？

202

葉でつくられた栄養分が通る管を
何という？

207

1個の細胞からなる生物を
何という？

203

図の茎の断面で，
A，Bの管を
何という？

内側　外側

208

多くの細胞からなる生物を
何という？

204

道管と師管が束のように集まって
いる部分を何という？

209

多細胞生物はどれ？
A ミドリムシ　　B ゾウリムシ
C ミジンコ

205

葉の表皮にある，
気体の出入り口A
を何という？

A

210

2年 🔬	植物の からだのつくり		2年 🔬	生物と細胞

道管
（どうかん）

©2021 Disney

液胞
（えきほう）
葉緑体
（ようりょくたい）
細胞壁
（さいぼうへき）

解説

細胞壁
液胞
葉緑体

©2021 Disney

| 2年 🔬 | 植物の
からだのつくり | | 2年 🔬 | 生物と細胞 |

師管
（しかん）

©2021 Disney

酢酸オルセイン溶液
（さくさん）（ようえき）

（酢酸カーミン溶液）

（酢酸ダーリア溶液）

©2021 Disney

| 2年 🔬 | 植物の
からだのつくり | | 2年 🔬 | 生物と細胞 |

A 道管
（どうかん）
B 師管
（しかん）

A B

内側 外側

©2021 Disney

単細胞生物
（たんさいぼうせいぶつ）

©2021 Disney

| 2年 🔬 | 植物の
からだのつくり | | 2年 🔬 | 生物と細胞 |

維管束
（いかんそく）

©2021 Disney

多細胞生物
（たさいぼうせいぶつ）

©2021 Disney

| 2年 🔬 | 植物の
からだのつくり | | 2年 🔬 | 生物と細胞 |

気孔
（きこう）

A

©2021 Disney

C ミジンコ

©2021 Disney

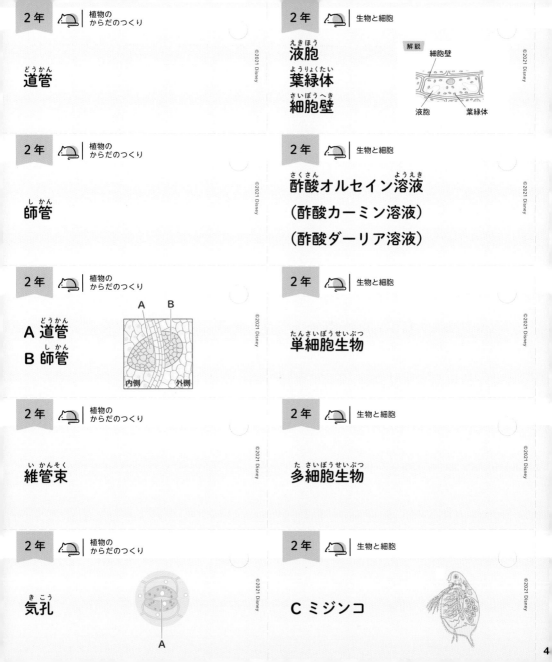

4

気孔を囲む2つの
三日月形の細胞B
を何という？

B

211

植物の葉の気孔から，水が水蒸気
として空気中に出ていくことを
何という？

212

蒸散がさかんなのは，ふつう葉の
表側，裏側のどちら？

213

植物が光を受け，デンプンなどの
栄養分をつくるはたらきを
何という？

214

光合成のはたらきで，
A，Bが表して
いる物質は何？

日光

水＋A → B＋デンプンなど

A　B

215

光合成が行われる場所は，
細胞の中の何という部分？

216

植物の呼吸で
出入りする
気体A，Bは何？

A　B

217

食物を，からだに吸収されやすい
物質に分解することを
何という？

218

ヒトの消化管で，Aは何？
口→食道→胃→ A →大腸→肛門

219

だ液や胃液など，食物を消化する
はたらきをもつ液を
何という？

220

| 2年 🔔 | 植物と日光 |

ようりょくたい
葉緑体

| 2年 🔔 | 植物の からだのつくり |

こうへんさいぼう
孔辺細胞

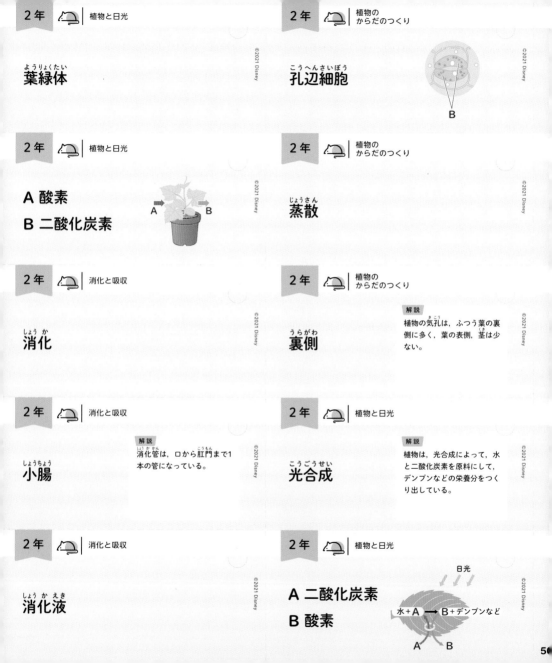

B

| 2年 🔔 | 植物と日光 |

A 酸素
B 二酸化炭素

A → ← B

| 2年 🔔 | 植物の からだのつくり |

じょうさん
蒸散

| 2年 🔔 | 消化と吸収 |

しょうか
消化

| 2年 🔔 | 植物の からだのつくり |

解説
植物の気孔は，ふつう葉の裏側に多く，葉の表側，茎は少ない。

うらがわ
裏側

| 2年 🔔 | 消化と吸収 |

解説
消化管は，口から肛門まで1本の管になっている。

しょうちょう
小腸

| 2年 🔔 | 植物と日光 |

解説
植物は，光合成によって，水と二酸化炭素を原料にして，デンプンなどの栄養分をつくり出している。

こうごうせい
光合成

| 2年 🔔 | 消化と吸収 |

しょうかえき
消化液

| 2年 🔔 | 植物と日光 |

A 二酸化炭素
B 酸素

日光
水+A → B+デンプンなど
A   B

50

消化液中にあり，栄養分を分解して，
からだに吸収されやすい物質にする
物質を何という？

221

デンプンが消化酵素によって
分解されてできる
最終的な物質は何？

226

消化酵素はA，Bどちらの温度で
よくはたらく？
A 約40℃　　B 約25℃

222

胃液中の消化酵素によって
分解される物質は何？

227

だ液中の消化酵素によって，
分解される物質は何？

223

タンパク質が消化酵素によって
分解されてできる
最終的な物質は何？

228

だ液にふくまれる消化酵素は何？

224

胃液にふくまれる消化酵素は何？

229

デンプンが分解して，麦芽糖などが
できたことを確認する試薬を
何という？

225

胆汁やすい液のはたらきによって
消化される物質は何？

230

©2021 Disney

ブドウ糖
（とう）

©2021 Disney

解説
消化酵素にはいくつかの種類があるが，それぞれ特定の物質だけを変化させるはたらきがある。

消化酵素
（しょうかこうそ）

©2021 Disney

解説
タンパク質は，生きていくためのエネルギー源として使われるほか，からだをつくる材料としても使われる。

タンパク質

©2021 Disney

解説
消化酵素は，ヒトの体温と同じくらいの温度のときによくはたらく。

A 約40℃

©2021 Disney

アミノ酸

©2021 Disney

解説
デンプンは，だ液にふくまれるアミラーゼによって，分解される。

デンプン

©2021 Disney

解説
胃液にふくまれていて，タンパク質を分解する。
（いえき）

ペプシン

©2021 Disney

アミラーゼ

©2021 Disney

脂肪
（しぼう）

©2021 Disney

解説
ベネジクト液には，ブドウ糖や麦芽糖を加えて加熱すると，反応して赤褐色の沈殿を生じる性質がある。
（ばくがとう）（せきかっしょく）（ちんでん）

ベネジクト液

5

2年	消化と吸収	重要度

脂肪を分解する消化酵素は何？

231

2年	消化と吸収	重要度

小腸の柔毛にある
A，Bの管を
何という？

A・B

236

2年	消化と吸収	重要度

脂肪が消化酵素によって分解されて
できる最終的な物質は何と何？

232

2年	消化と吸収	重要度

ブドウ糖とアミノ酸は，柔毛で
吸収されてどこに入る？

237

2年	消化と吸収	重要度

消化酵素をふくまず，
肝臓でつくられる消化液は何？

233

2年	呼吸	重要度

鼻や口から酸素をとり入れ，
二酸化炭素を放出することを
何という？

238

2年	消化と吸収	重要度

すい臓でつくられたすい液は，
どこに出される？

234

2年	呼吸	重要度

肺にある
小さな袋
Aは何？

A

239

2年	消化と吸収	重要度

小腸の内側の壁の
Aの部分を
何という？

A

235

2年	呼吸	重要度

肺胞をとりまく
Bは何？

B

240

A 毛細血管
もうさいけっかん

B リンパ管

A ——— B

リパーゼ

毛細血管
もうさいけっかん

解説
ブドウ糖，アミノ酸は，柔毛
の表面から吸収されて毛細血
管に入り，肝臓を通って，全
身に運ばれる。

脂肪酸とモノグリセリド
しぼうさん

（肺による）
はい

呼吸
こきゅう

解説
（肺による）呼吸のように，動
物が肺やえら，皮膚で行う呼
吸を，外呼吸ともいう。1つ
1つの細胞が行う呼吸は，細
胞（による）呼吸（内呼吸）とい
う。

胆汁
たんじゅう

肺胞
はいほう

A

小腸（十二指腸）
しょうちょう じゅうに しちょう

毛細血管
もうさいけっかん

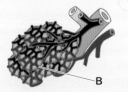

B

柔毛
じゅうもう

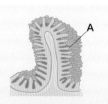

A

2年	呼吸	重要度 ⚓⚓⚓

肺胞から体内にとり入れる気体は
何？

241

2年	血液の循環	重要度 ⚓⚓⚓

ヒトの心臓で，
C，Dの部屋を
何という？

全身から　C　D

246

2年	呼吸	重要度 ⚓⚓⚓

血液から肺胞に出され，気管を通って，
体外に排出される気体は何？

242

2年	血液の循環	重要度 ⚓⚓⚓

酸素を多くふくんだ血液を
何という？

247

2年	呼吸	重要度 ⚓⚓⚓

横隔膜が下に動くとき，
息を吸っているか，
はいているか？

横隔膜

243

2年	血液の循環	重要度 ⚓⚓⚓

二酸化炭素を多くふくんだ血液を
何という？

248

2年	血液の循環	重要度 ⚓⚓⚓

血液を循環させるポンプのはたらきを
する器官はどこ？

244

2年	血液の循環	重要度 ⚓⚓⚓

血液が，心臓→大動脈→全身の
毛細血管→大静脈→心臓
と流れる循環を何という？

249

2年	血液の循環	重要度 ⚓⚓⚓

ヒトの心臓で
A，Bの部屋を
何という？

全身から　A　B

245

2年	血液の循環	重要度 ⚓⚓⚓

血液が，心臓→肺動脈→肺の
毛細血管→肺静脈→心臓
と流れる循環を何という？

250

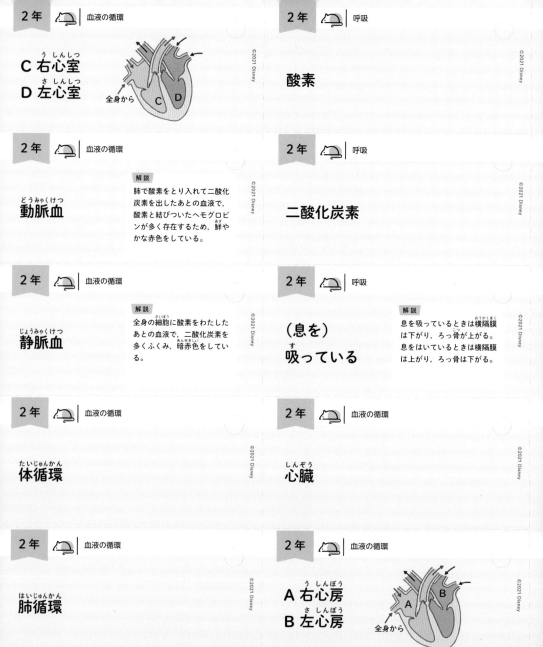

2年 血液の循環

C 右心室（うしんしつ）
D 左心室（さしんしつ）

全身から
C D

©2021 Disney

2年 呼吸

酸素

©2021 Disney

2年 血液の循環

動脈血（どうみゃくけつ）

解説
肺で酸素をとり入れて二酸化炭素を出したあとの血液で，酸素と結びついたヘモグロビンが多く存在するため，鮮やかな赤色をしている。

©2021 Disney

2年 呼吸

二酸化炭素

©2021 Disney

2年 血液の循環

静脈血（じょうみゃくけつ）

解説
全身の細胞に酸素をわたしたあとの血液で，二酸化炭素を多くふくみ，暗赤色をしている。

©2021 Disney

2年 呼吸

（息を）吸っている（す）

解説
息を吸っているときは横隔膜（おうかくまく）は下がり，ろっ骨が上がる。
息をはいているときは横隔膜は上がり，ろっ骨は下がる。

©2021 Disney

2年 血液の循環

体循環（たいじゅんかん）

©2021 Disney

2年 血液の循環

心臓（しんぞう）

©2021 Disney

2年 血液の循環

肺循環（はいじゅんかん）

©2021 Disney

2年 血液の循環

A 右心房（うしんぼう）
B 左心房（さしんぼう）

A B
全身から

©2021 Disney

56

酸素を運ぶ
血液の成分Aを
何という？

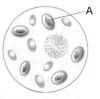

251

アンモニアは肝臓で何に
変えられる？

256

ウイルスや細菌など
を分解する血液の
成分Bを何という？

252

ソラマメのような
形をした1対の
器官を何という？

257

出血したときに血液を固める
血液の成分を何という？

253

目や耳，皮膚などの刺激を受けとる
器官を何という？

258

赤血球にふくまれる赤い物質で，
酸素と結びつく性質をもつ物質を
何という？

254

目のつくりで，
A，Bを何と
いう？

259

からだに有害なアンモニアを無害な
物質に変える器官はどこ？

255

ひとみの大きさを変えて，
目に入る光の量を調節する部分を
何という？

260

| 2年 | 排出のしくみ |

尿素
にょう そ

尿素などの不要物は、じん臓で余分な水分や塩分とともに血液中からこし出され、体外に尿として排出される。

| 2年 | 血液の循環 |

赤血球
せっけっきゅう

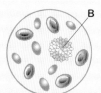

| 2年 | 排出のしくみ |

じん臓

じん臓
輸尿管
ゆ にょうかん

| 2年 | 血液の循環 |

白血球
はっけっきゅう

| 2年 | 刺激と反応 |

感覚器官
かんかく き かん

| 2年 | 血液の循環 |

血小板
けっしょうばん

| 2年 | 刺激と反応 |

A 水晶体（レンズ）
すいしょうたい
B 網膜
もうまく

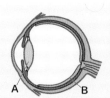

| 2年 | 血液の循環 |

ヘモグロビン

ヘモグロビンは、肺胞など、酸素の多いところでは酸素と結びつき、酸素の少ないところでは酸素をはなす。
はいほう

| 2年 | 刺激と反応 |

虹彩
こうさい

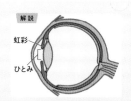

虹彩
ひとみ

| 2年 | 排出のしくみ |

肝臓
かんぞう

窒素をふくむアミノ酸が分解されてできたアンモニアは、血液によって肝臓に運ばれ、無害な尿素に変えられる。
ちっそ　　　　　ぶんかい
にょう そ

2年	刺激と反応	重要度 ⚓⚓⚓⚓

目に入ってきた光は, 水晶体（レンズ）を通ってどこに像を結ぶ？

▼261

2年	刺激と反応	重要度 ⚓⚓⚓⚓

中枢神経から枝分かれし, 運動神経と感覚神経からなる神経を何という？

▼266

2年	刺激と反応	重要度 ⚓⚓⚓

耳のつくりで, A, Bを何という？

A B

▼262

2年	刺激と反応	重要度 ⚓⚓⚓

感覚器官が受けた刺激の信号を, 中枢神経に伝える神経を何という？

▼267

2年	刺激と反応	重要度 ⚓⚓⚓

耳のつくりで, 音をとらえて, 振動する部分を何という？

▼263

2年	刺激と反応	重要度 ⚓⚓⚓

中枢神経の命令の信号を, 筋肉に伝える神経を何という？

▼268

2年	刺激と反応	重要度 ⚓⚓⚓

鼓膜の振動をうずまき管に伝える部分（骨）を何という？

▼264

2年	刺激と反応	重要度 ⚓⚓⚓

感覚器官で受けた刺激の信号を判断, 処理する神経を何という？

▼269

2年	刺激と反応	重要度 ⚓⚓⚓

脳と脊髄からなる神経を何という？

▼265

2年	刺激と反応	重要度 ⚓⚓⚓

熱いものにふれたとき, 思わず手を引っこめる反応を何という？

▼270

末しょう神経

解説

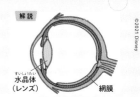

水晶体
（レンズ）
網膜

網膜

感覚神経

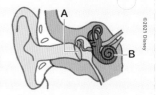

A 鼓膜
B うずまき管

運動神経

解説

鼓膜

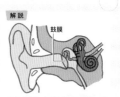

鼓膜

中枢神経

解説

耳小骨

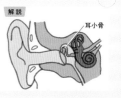

耳小骨

解説
刺激に対して，無意識に起こ
る反応。明るいところと暗い
ところで，ひとみの大きさが
変化することも反射。

反射

中枢神経

2年	刺激と反応	重要度 ⚓⚓⚓

熱いものにふれたときの反射の反応
で,「手を引っこめる」という命令を
出すのは脳,脊髄のどちら？

▼271

2年	動物のからだ	重要度 ⚓⚓

骨につく筋肉の
両端にあるAを
何という？

▼272

2年	動物のからだ	重要度 ⚓⚓⚓

ひじやひざなどの曲
がるところの骨のつ
なぎ目を何という？

▼273

2年	動物のからだ	重要度 ⚓⚓⚓

うでを曲げるとき,
Aの筋肉は縮む,
ゆるむのどちら？

▼274

2年	物質の変化	重要度 ⚓⚓⚓

もとの物質とはちがう
別の物質ができる変化を
何という？

▼275

2年	物質の変化	重要度 ⚓⚓⚓

物質が2種類以上の別の物質に
分かれる化学変化を
何という？

▼276

2年	物質の変化	重要度 ⚓⚓⚓

炭酸水素ナトリウムの分解で,ア,イ
に入るものは？
炭酸水素ナトリウム → (ア)＋水＋(イ)

▼277

2年	物質の変化	重要度 ⚓⚓⚓

酸化銀の分解で,ア,イに入るものは？
酸化銀 ⟶ (ア)＋(イ)

▼278

2年	物質の変化	重要度 ⚓⚓⚓

物質の水溶液に電流を流して分解する
ことを何という？

▼279

2年	物質の変化	重要度 ⚓⚓⚓

水の電気分解で,ア,イに入るものは？
水 ⟶ (ア)＋(イ)

▼280

2年	物質の変化

ぶんかい
分解

2年	刺激と反応

せきずい
脊髄

2年	物質の変化

ア 炭酸ナトリウム

イ 二酸化炭素

（順不同）

2年	動物のからだ

A

けん

2年	物質の変化

ア 銀

イ 酸素

（順不同）

2年	動物のからだ

かんせつ
関節

2年	物質の変化

でんき ぶんかい
電気分解

解説
でんき ぶんかい　　　　　　　じゅんすい
水の電気分解では，純水な水
は電気が流れにくいため，少
量の水酸化ナトリウムを加え
て電気が流れるようにする。

2年	動物のからだ

縮む

ゆるむ

A

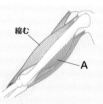

2年	物質の変化

ア 水素

イ 酸素

（順不同）

2年	物質の変化

かがくへんか　かがくはんのう
化学変化（化学反応）

水の電気分解で，陰極，陽極に
発生する気体はそれぞれ何？

281

水の電気分解で，
発生する水素と酸素の
体積の比は？

282

塩化銅水溶液の電気分解で，
陰極に付着する物質は？

283

塩化銅水溶液の電気分解で，
陽極から発生する気体は？

284

化学変化でそれ以上分割できない，
物質をつくる最小の粒子を
何という？

285

いくつかの原子が結びついて
できた粒子を何という？

286

次の物質の元素記号は？
❶ 水素　　❷ 炭素　　❸ 酸素

287

次の元素記号が表す元素の名称は？
❶ N　❷ S　❸ Cl

288

次の物質の元素記号は？
❶ ナトリウム　　❷ マグネシウム
❸ アルミニウム

289

次の元素記号が表す元素の名称は？
❶ K　❷ Ca　❸ Fe

290

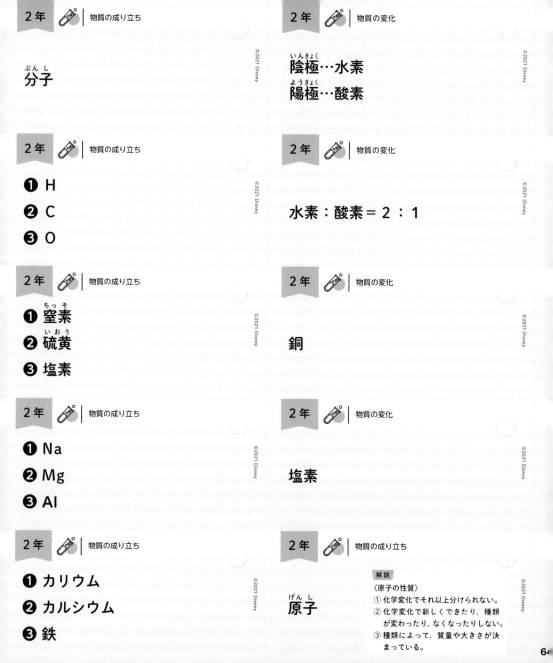

2年 🧪 物質の成り立ち	2年 🧪 物質の変化
分子 ぶん し	**陰極**…水素 いんきょく **陽極**…酸素 ようきょく
2年 🧪 物質の成り立ち	2年 🧪 物質の変化
❶ H ❷ C ❸ O	水素：酸素 ＝ 2：1
2年 🧪 物質の成り立ち	2年 🧪 物質の変化
❶ **窒素** ちっそ ❷ **硫黄** いおう ❸ **塩素**	銅
2年 🧪 物質の成り立ち	2年 🧪 物質の変化
❶ Na ❷ Mg ❸ Al	塩素
2年 🧪 物質の成り立ち	2年 🧪 物質の成り立ち
❶ カリウム ❷ カルシウム ❸ 鉄	**原子** げん し 解説 〈原子の性質〉 ① 化学変化でそれ以上分けられない。 ② 化学変化で新しくできたり，種類 　が変わったり，なくなったりしない。 ③ 種類によって，質量や大きさが決 　まっている。

©2021 Disney

64

次の物質の元素記号は？
❶ 銅　　❷ 亜鉛（あえん）　　❸ 銀

291

分子をつくらない，次の物質の
化学式（かがくしき）は？
❶ マグネシウム　　❷ 酸化銅

296

１種類の元素（げんそ）でできている物質を
何という？

292

化学変化（かがくへんか）を化学式（かがくしき）で表したものを
何という？

297

２種類以上の元素（げんそ）でできている
物質を何という？

293

水の電気分解（でんきぶんかい）を化学反応式（かがくはんのうしき）で表した
とき，アに入る化学式は？
$2H_2O \longrightarrow （ア）+ O_2$

298

物質を元素記号（げんそきごう）と数字で
表したものを何という？

294

塩化銅水溶液（すいようえき）の電気分解（でんきぶんかい）を化学反応式（かがくはんのうしき）
で表したとき，アに入る化学式は？
$CuCl_2 \longrightarrow Cu +（ア）$

299

分子（ぶんし）をつくる，次の物質の
化学式（かがくしき）は？
❶ 水素　　❷ 水

295

鉄と硫黄（いおう）が結びつくと
できる物質は？

300

2年 🧪 物質の成り立ち

❶ Mg
❷ CuO

2年 🧪 物質の成り立ち

❶ Cu
❷ Zn
❸ Ag

2年 🧪 物質の成り立ち

かがくはんのうしき
化学反応式

2年 🧪 物質の成り立ち

解説
水素H_2，炭素Cなどは，1種類の元素からできている単体。二酸化炭素CO_2，水H_2Oなどは，2種類以上の元素からできている化合物。

たんたい
単体

2年 🧪 物質の成り立ち

$2H_2$

2年 🧪 物質の成り立ち

かごうぶつ
化合物

2年 🧪 物質の成り立ち

Cl_2

2年 🧪 物質の成り立ち

かがくしき
化学式

2年 🧪 物質どうしの化学変化

りゅうかてつ
硫化鉄

2年 🧪 物質の成り立ち

❶ H_2
❷ H_2O

鉄と硫黄が結びつく変化を化学反応式で表したとき，アに入る化学式は？
Fe + S ⟶ （ア）

301

マグネシウムの燃焼（酸化）を化学反応式で表すと？

306

物質が酸素と結びついて別の物質ができる化学変化を何という？

302

炭素が酸化されるとできる物質は？

307

銅が酸化されるとできる物質は？

303

炭素の酸化を化学反応式で表すと？

308

銅の酸化を化学反応式で表すと？

304

酸化物から酸素が離れる化学変化を何という？

309

物質が熱や光を出して，激しく酸化される化学変化を何という？

305

酸化銅の炭素による還元を表した化学反応式で，ア，イに入る化学式は？
2CuO + （ア） ⟶ 2Cu + （イ）

310

2年 物質どうしの
化学変化

©2021 Disney

2年 物質どうしの
化学変化

©2021 Disney

2年 物質どうしの
化学変化

©2021 Disney

2年 物質どうしの
化学変化

©2021 Disney

2年 物質どうしの
化学変化

©2021 Disney

2年 物質どうしの
化学変化

©2021 Disney

2年 物質どうしの
化学変化

©2021 Disney

2年 物質どうしの
化学変化

©2021 Disney

2年 物質どうしの
化学変化

©2021 Disney

2年 物質どうしの
化学変化

©2021 Disney

$2Mg + O_2 \longrightarrow 2MgO$

FeS

二酸化炭素

さんか
酸化

$C + O_2 \longrightarrow CO_2$

さんかどう
酸化銅

かんげん
還元

$2Cu + O_2 \longrightarrow 2CuO$

ア C

イ CO_2

ねんしょう
燃焼

2年 物質どうしの化学変化	重要度 ⚓⚓⚓⚓⚓

酸化銅の水素による還元を表した化学反応式で，ア，イに入る化学式は？
$CuO + （ア） \longrightarrow Cu + （イ）$

311

2年 物質どうしの化学変化	重要度 ⚓⚓⚓⚓⚓

還元と同時に起こる化学変化は何？

312

2年 物質どうしの化学変化	重要度 ⚓⚓⚓⚓⚓

化学変化のとき，熱が発生してまわりの温度を上げる反応を何という？

313

2年 物質どうしの化学変化	重要度 ⚓⚓⚓⚓⚓

化学変化のとき，まわりの熱を吸収して温度を下げる反応を何という？

314

2年 化学変化と質量	重要度 ⚓⚓⚓⚓⚓

化学変化の前後で，物質全体の質量が変わらないことを何という？

315

2年 化学変化と質量	重要度 ⚓⚓⚓⚓⚓

うすい硫酸と塩化バリウム水溶液を混ぜたときにできる白い沈殿は何？

316

2年 化学変化と質量	重要度 ⚓⚓⚓⚓⚓

炭酸水素ナトリウムとうすい塩酸を混ぜたときにできる，気体以外の物質2つは何？

317

2年 化学変化と質量	重要度 ⚓⚓⚓⚓⚓

炭酸水素ナトリウムとうすい塩酸を混ぜたときに発生する気体は？

318

2年 化学変化と質量	重要度 ⚓⚓⚓⚓⚓

密閉容器で炭酸水素ナトリウムとうすい塩酸を混ぜると，質量はどうなる？

319

2年 化学変化と質量	重要度 ⚓⚓⚓⚓⚓

ふたのない容器で炭酸水素ナトリウムとうすい塩酸を混ぜると質量はどうなる？

ふた

320

2年 化学変化と質量 ©2021 Disney

硫酸バリウム（りゅうさん）

2年 物質どうしの化学変化 ©2021 Disney

ア H₂
イ H₂O

（ア H_2　イ H_2O）

2年 化学変化と質量 ©2021 Disney

塩化ナトリウムと水

2年 物質どうしの化学変化 ©2021 Disney

酸化（さんか）

2年 化学変化と質量 ©2021 Disney

二酸化炭素

2年 物質どうしの化学変化 ©2021 Disney

発熱反応（はつねつはんのう）

解説
熱を発生する化学変化には、次のようなものがある。
・酸化カルシウム＋水
　　　──→ 水酸化カルシウム
・鉄＋酸素 ──→ 酸化鉄

2年 化学変化と質量 ©2021 Disney

変化しない

2年 物質どうしの化学変化 ©2021 Disney

吸熱反応（きゅうねつはんのう）

解説
熱を吸収する化学変化には、次のようなものがある。
・塩化アンモニウム＋水酸化バリウム
　　　──→ 塩化バリウム＋アンモニア＋水

2年 化学変化と質量 ©2021 Disney

小さくなる（減る）

ふた

2年 化学変化と質量 ©2021 Disney

質量保存の法則（しつりょうほぞん）

70

2年	化学変化と質量	重要度 ⚓ ⚓ ⚓ ⚓

マグネシウムと酸素が結びついて
酸化マグネシウムになるとき，
マグネシウムと酸素の質量の比は？

321

2年	電流の性質	重要度 ⚓ ⚓ ⚓ ⚓

A～Cは何の電気用図記号？

A   B   C

326

2年	化学変化と質量	重要度 ⚓ ⚓ ⚓ ⚓

銅と酸素が結びついて
酸化銅になるとき，銅と酸素の
質量の比は？

322

2年	電流の性質	重要度 ⚓ ⚓ ⚓ ⚓

D～Fは何の電気用図記号？

D   E   F

A   V

327

2年	化学変化と質量	重要度 ⚓ ⚓ ⚓ ⚓

銅20gと結びつく酸素の質量は？

323

2年	電流と電圧	重要度 ⚓ ⚓ ⚓ ⚓

電流の単位は？

328

2年	電流の性質	重要度 ⚓ ⚓ ⚓ ⚓

電流の道すじが
１本の回路を何
という？

324

2年	電流と電圧	重要度 ⚓ ⚓ ⚓ ⚓

１Aは何mA？

329

2年	電流の性質	重要度 ⚓ ⚓ ⚓ ⚓

電流の道すじが途
中で枝分かれした
回路を何という？

325

2年	電流と電圧	重要度 ⚓ ⚓ ⚓ ⚓

電流計ははじめ，
どの－端子に
つなぐ？

330

2年 ⚛ 電流の性質

A 電源（電池）　A ─|⊢─

B 電球　B ⊗

C スイッチ　C ─／─

2年 🧪 化学変化と質量

マグネシウム：酸素 ＝ 3 ： 2

解説
この反応の化学反応式は、
$2Mg + O_2 \longrightarrow 2MgO$

2年 ⚛ 電流の性質

D 抵抗器（電熱線）　D ▭

E 電流計　E Ⓐ

F 電圧計　F Ⓥ

2年 🧪 化学変化と質量

銅：酸素 ＝ 4 ： 1

解説
この反応の化学反応式は、
$2Cu + O_2 \longrightarrow 2CuO$

2年 ⚛ 電流と電圧

アンペア（A）
ミリアンペア（mA）

2年 🧪 化学変化と質量

解説
銅と酸素が結びつくときの
質量の比は、
銅：酸素＝4：1なので、
$4 : 1 = 20 : x$
$x = 5〔g〕$

5g

2年 ⚛ 電流と電圧

1000 mA （ミリアンペア）

2年 ⚛ 電流の性質

直列回路（ちょくれつかいろ）

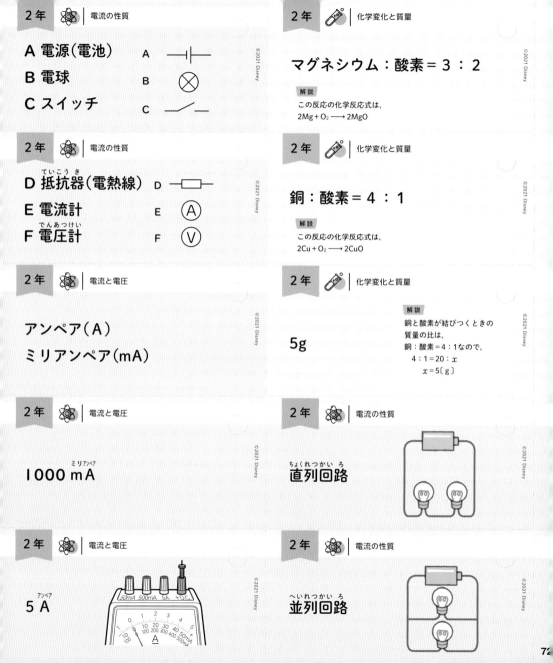

2年 ⚛ 電流と電圧

5 A（アンペア）

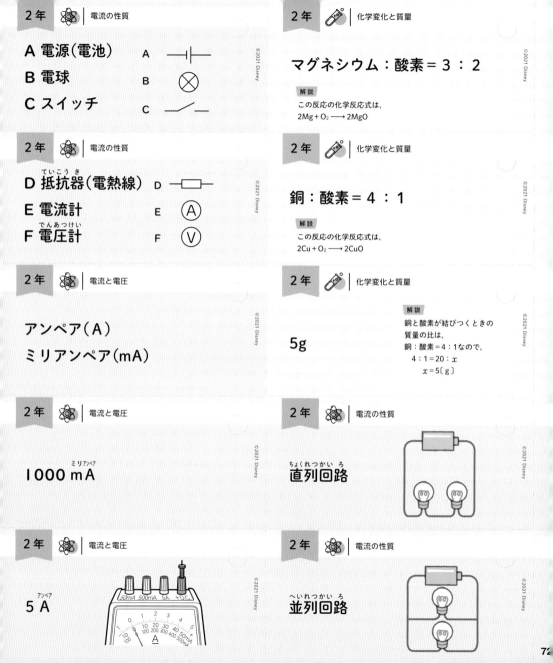

2年 ⚛ 電流の性質

並列回路（へいれつかいろ）

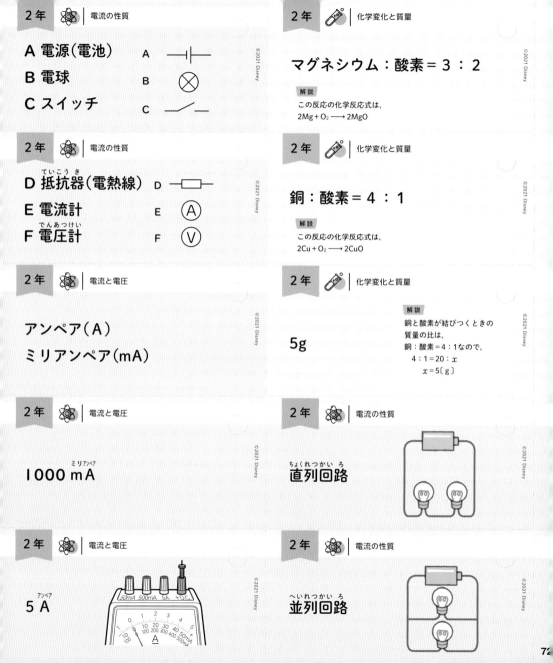

2年 電流と電圧 重要度

右の電流計の
目盛りの示す
電流の大きさは？

331

2年 電流と電圧 重要度

電流計の回路へのつなぎ方はどちら？
❶ 回路に直列 ❷ 回路に並列

332

2年 電流と電圧 重要度

A点を流れる
電流の大きさは
何mA？

200mA
A

333

2年 電流と電圧 重要度

A点を流れる
電流の大きさは
何mA？

500mA
A
200mA

334

2年 電流と電圧 重要度

回路に電流を流そうとするはたらきの
大きさを何という？

335

2年 電流と電圧 重要度

電圧の単位は？

336

2年 電流と電圧 重要度

電圧計ははじめ,
どの−端子に
つなぐ？

337

2年 電流と電圧 重要度

右の電圧計が
示す電圧の
大きさは？

338

2年 電流と電圧 重要度

電圧計の回路へのつなぎ方はどちら？
❶ 回路に直列 ❷ 回路に並列

339

2年 電流と電圧 重要度

AB間に加わる
電圧は何V？

6.0V
A B

2.0V

340

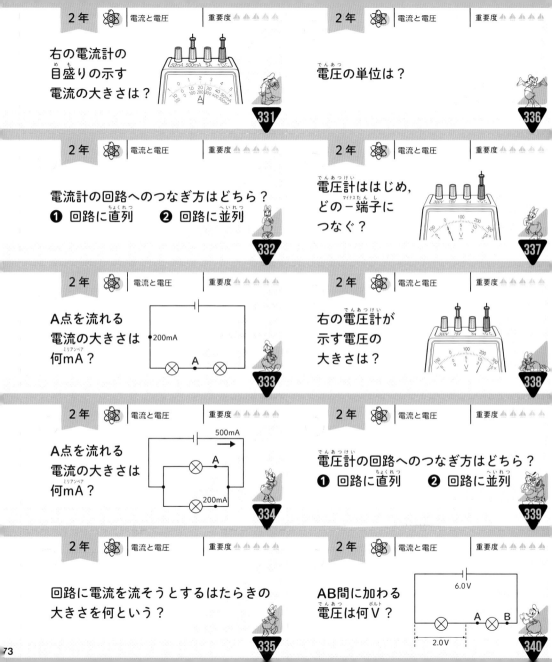

ボルト（V）

250 mA
ミリアンペア

300 V
ボルト

❶ 回路に直列
ちょくれつ

11.00 V
ボルト

200m A
ミリアンペア

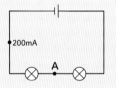

❷ 回路に並列
へいれつ

300m A
ミリアンペア

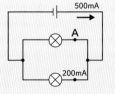

4.0 V
ボルト

解説
直列回路では，各部分に加わ
る電圧の和は，電源の電圧に
等しくなる。

電圧
でんあつ

AB間に加わる電圧は何V？

6.0V

A B

341

電流の流れにくさを何という？

342

抵抗の大きさの単位は？

343

電熱線に流れる電流は，電圧に比例し，抵抗に反比例する法則を何という？

344

オームの法則で，アに入る言葉は？
電圧V〔V〕
　＝（ア）R〔Ω〕×電流I〔A〕

345

電圧 V は何V？

電圧V

300mA

20Ω

346

電流 I は何A？

3.0V

電流I

15Ω

347

右の直列回路全体の抵抗は？

6.0V 120mA

V A

20Ω 30Ω

348

右の並列回路全体の抵抗は？

6.0V 500mA

V A

20Ω

30Ω

349

電力の単位は？

350

2年 ⚛ | 電流と電圧

解説
300mA＝0.3A だから，
$V = 20\Omega \times 0.3A$
$\quad = 6.0V$

ボルト
6.0 V

©2021 Disney

2年 ⚛ | 電流と電圧

解説
並列回路では，各部分に加わる電圧は，電源の電圧に等しくなる。

ボルト
6.0 V

©2021 Disney

2年 ⚛ | 電流と電圧

解説
$I = 3.0V \div 15\Omega$
$\quad = 0.2A$

アンペア
0.2 A

©2021 Disney

2年 ⚛ | 電流と電圧

でんき ていこう
電気抵抗（抵抗）

©2021 Disney

2年 ⚛ | 電流と電圧

解説
ちょくれつかいろ
直列回路では，回路全体の抵抗の大きさは各抵抗の和となる。

オーム
50Ω

©2021 Disney

2年 ⚛ | 電流と電圧

オーム（Ω）

©2021 Disney

2年 ⚛ | 電流と電圧

解説
へいれつかいろ
並列回路の回路全体の抵抗の大きさは，
$\dfrac{1}{R} = \dfrac{1}{R_1} + \dfrac{1}{R_2}$ となる。
$\dfrac{1}{R} = \dfrac{1}{20} + \dfrac{1}{30} = \dfrac{5}{60} = \dfrac{1}{12}$ より，
抵抗は12Ω。

オーム
12Ω

©2021 Disney

2年 ⚛ | 電流と電圧

オームの法則

©2021 Disney

2年 ⚛ | 電気エネルギー

ワット
ワット（W）

©2021 Disney

2年 ⚛ | 電流と電圧

解説
〈オームの法則〉
かいろ
回路を流れる電流の大きさは，
でんあつ
電圧の大きさに比例する。
電圧V，電流 I，抵抗Rの関係は，次の式で表せる。
$V = RI \quad I = \dfrac{V}{R} \quad R = \dfrac{V}{I}$

ていこう
抵抗

©2021 Disney

電力の求め方で，アに入る言葉は？
電力〔W〕＝ 電圧〔V〕× （ア）〔A〕

351

熱量の単位は？

352

電流による発熱量を求める式は？

353

600Wの電熱器を
1分間使用したとき，
発生する熱量は何Ｊ？

354

電気器具が電流によって
消費した電気エネルギーの量を
何という？

355

電力量を求める式は？

356

消費電力が30Wの電気スタンドを，
2時間使用したときに消費する
電力量は何ワット時（Wh）？

357

電気が空間を移動したり，
たまっていた電気が流れ出したり
する現象を何という？

358

－の電気を帯びた小さな粒子を何とい
う？

359

真空放電管に高い電圧を加えたとき，
蛍光板に見られる明るいすじを
何という？

360

電力量〔J〕
　＝電力〔W〕×時間〔s〕

電流

60Wh

> **解説**
> 消費する電力量は，
> 30W × 2h = 60Wh

ジュール（J）

放電

熱量〔J〕＝電力〔W〕×時間〔s〕

電子

36000J

> **解説**
> 発生する熱量は，
> 600W × 60s = 36000J

電子線（陰極線）

電力量

異なる種類の物質を摩擦したときに，物体にたまる電気を何という？

361

導線を流れる電流の向きはA，Bどちら？

A　B
磁界の向き
導線

366

磁力がはたらく空間を何という？

362

流れる電流を大きくすると，コイルの動きはどうなる？

電流
N
S

367

磁界の中に置いた方位磁針のN極が指す向きを何という？

363

電流と磁界の向きの両方を逆にすると，コイルの動く向きはどうなる？

N
S

368

A，Bは何の向き？

A
B

364

コイルの中の磁界を変化させると，コイルに電圧が生じる現象を何という？

369

導線のまわりの磁界の向きはA，Bどちら？

電流
A　　B
導線

365

電磁誘導によって生じる電流を何という？

370

A

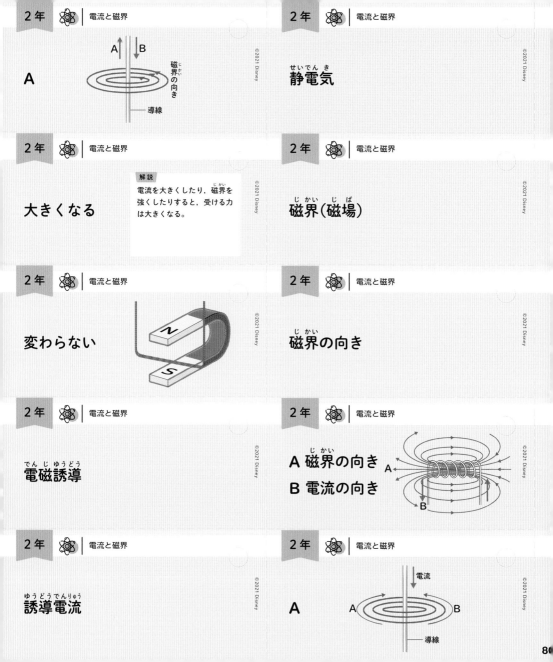

A B
磁界の向き
導線

静電気（せいでんき）

大きくなる

解説
電流を大きくしたり，磁界を強くしたりすると，受ける力は大きくなる。

磁界（磁場）（じかい じば）

変わらない

磁界の向き（じかい）

電磁誘導（でんじゆうどう）

A 磁界の向き（じかい）
B 電流の向き

A
B

誘導電流（ゆうどうでんりゅう）

A

電流
A B
導線

2年	電流と磁界	重要度 ⚓ ⚓ ⚓

放射線の利用例はどれ？
❶ 電子レンジ　　❷ レーダー
❸ レントゲン

371

2年	気象の観測	重要度 ⚓ ⚓ ⚓

地図上で，気圧が等しい地点を
結んだ曲線を何という？

376

2年	電流と磁界	重要度 ⚓ ⚓ ⚓

コンセントに流れる電流は直流,
交流のどちら？

372

2年	気象の観測	重要度 ⚓ ⚓ ⚓

等圧線が閉じていて,
まわりより気圧が高いところを
何という？

377

2年	気象の観測	重要度 ⚓ ⚓ ⚓

雨や雪が降っておらず,
雲量が8のときの天気は？

373

2年	気象の観測	重要度 ⚓ ⚓ ⚓

等圧線が閉じていて,
まわりより気圧が低いところを
何という？

378

2年	気象の観測	重要度 ⚓ ⚓ ⚓

天気図記号で，
A，Bが表す
天気は？

A　　B
○　　◎

374

2年	大気圧と圧力	重要度 ⚓ ⚓ ⚓

一定の面積を垂直に押す力を
何という？

379

2年	気象の観測	重要度 ⚓ ⚓ ⚓

大気による圧力を何という？

375

2年	大気圧と圧力	重要度 ⚓ ⚓ ⚓

1 Paは，何N/m² ？

380

2年 🪐 気象の観測	**2年** ⚛ 電流と磁界
とうあつせん **等圧線**	**解説** 放射線には，X線やγ線，α線，β線などがあり，レントゲンはX線を利用している。放射線は，目に見えず，物体を通り抜け，原子の構造を変える性質がある。 ❸ **レントゲン**
2年 🪐 気象の観測	**2年** ⚛ 電流と磁界
こうきあつ **高気圧**	**解説** コンセントに流れる電流は交流で，電流の流れる向きが短い時間に周期的に変わる。一方，乾電池から流れる電流は直流で，電流の流れる向きは一定。 こうりゅう **交流**
2年 🪐 気象の観測	**2年** 🪐 気象の観測
ていきあつ **低気圧**	**解説** 空全体を雲が占める割合（雲量）が 0～1のとき…快晴 2～8のとき…晴れ 9～10のとき…くもり **晴れ**
2年 🪐 大気圧と圧力	**2年** 🪐 気象の観測
あつりょく **圧力**	**A 快晴** **B くもり**
2年 🪐 大気圧と圧力	**2年** 🪐 気象の観測
ニュートン毎平方メートル **1 N/m²**	きあつ たいきあつ **気圧（大気圧）**

圧力〔Pa〕を求める式は？

381

A，B の前線を
何という？

386

高気圧の中心付近
では，どんな気流
が生じている？

382

寒気が暖気の下にもぐりこみ，
暖気を押し上げて進む前線を
何という？

387

低気圧の中心付近
では，どんな気流
が生じている？

383

暖気が寒気の上に
はい上がって進む前線を
何という？

388

中心付近の天気が悪いのは，
高気圧，低気圧のどちら？

384

寒気と暖気がぶつかり合ってできる，
ほとんど動かない前線を
何という？

389

A，B の前線を
何という？

385

かみなり雲ともよばれ，
雷や大雨をもたらす雲を
何という？

390

2年 🪐 気団と前線

A 停滞前線（ていたいぜんせん）
B 閉塞前線（へいそくぜんせん）

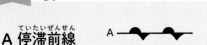

2年 🪐 大気圧と圧力

$$圧力〔Pa〕=\frac{面を垂直に押す力〔N〕}{力がはたらく面積〔m^2〕}$$

2年 🪐 気団と前線

寒冷前線（かんれいぜんせん）

2年 🪐 気団と前線

下降気流（かこうきりゅう）

2年 🪐 気団と前線

温暖前線（おんだんぜんせん）

2年 🪐 気団と前線

上昇気流（じょうしょうきりゅう）

2年 🪐 気団と前線

停滞前線（ていたいぜんせん）

2年 🪐 気団と前線

解説
低気圧の中心付近では，上昇（じょうしょう）気流によって雲ができやすく，雨やくもりになる。
高気圧の中心付近では，下降（かこう）気流で雲ができにくく，晴れている。

低気圧（ていきあつ）

2年 🪐 気団と前線

積乱雲（せきらんうん）

2年 🪐 気団と前線

A 寒冷前線（かんれいぜんせん）
B 温暖前線（おんだんぜんせん）

2年	日本の天気	重要度 ⛵⛵⛵⛵⛵

日本列島の上空を，
西から東に向かってふいている風を
何という？

▼391

2年	雲のでき方と水蒸気	重要度 ⛵⛵⛵⛵⛵

空気のしめりぐあいを
数値で表したものを
何という？

▼396

2年	日本の天気	重要度 ⛵⛵⛵⛵⛵

日本列島付近で，夏にふく南東の風，
冬にふく北西の風を
何という？

▼392

2年	雲のでき方と水蒸気	重要度 ⛵⛵⛵⛵⛵

湿度を求める式は？

▼397

2年	日本の天気	重要度 ⛵⛵⛵⛵⛵

つゆ（梅雨）の時期に
日本列島付近にできる停滞前線を
特に何という？

▼393

2年	雲のでき方と水蒸気	重要度 ⛵⛵⛵⛵⛵

空気にふくまれる水蒸気が
水滴になり始める温度を
何という？

▼398

2年	日本の天気	重要度 ⛵⛵⛵⛵⛵

南の海上で発生した熱帯低気圧が発
達し，中心付近の最大風速が秒速
17.2m以上のものを何という？

▼394

2年	雲のでき方と水蒸気	重要度 ⛵⛵⛵⛵⛵

空気中の水蒸気が，小さな水滴や
氷の結晶になって上空に
浮いているものを何という？

▼399

2年	雲のでき方と水蒸気	重要度 ⛵⛵⛵⛵⛵

1m³の空気が，その温度で
ふくむことができる水蒸気の
最大の量を何という？

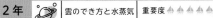

▼395

3年	生物の成長と細胞の変化	重要度 ⛵⛵⛵⛵⛵

1つの細胞が2つに分かれることを
何という？

▼400

2年  雲のでき方と水蒸気

湿度（しつど）

©2021 Disney

解説
空気中の水蒸気の量を，そのときの気温の飽和水蒸気量に対する百分率で表したもの。

2年  日本の天気

偏西風（へんせいふう）

©2021 Disney

解説
偏西風によって低気圧や高気圧は西から東へ流されるため，天気は西から東へ移り変わる。

2年  雲のでき方と水蒸気

湿度（しつど）〔%〕=

$$\frac{\text{空気1m}^3\text{にふくまれる水蒸気の質量〔g/m}^3\text{〕（ほうわすいじょうきりょう）}}{\text{その空気と同じ気温での飽和水蒸気量〔g/m}^3\text{〕（ほうわすいじょうきりょう）}} \times 100$$

©2021 Disney

2年  日本の天気

季節風（きせつふう）

©2021 Disney

解説
日本では，ユーラシア大陸と太平洋上の空気の温度差によって，季節に特徴的な季節風がふく。

2年  雲のでき方と水蒸気

露点（ろてん）

©2021 Disney

2年  日本の天気

梅雨前線（ばいうぜんせん）

©2021 Disney

2年  雲のでき方と水蒸気

雲

©2021 Disney

2年  日本の天気

台風

©2021 Disney

3年  生物の成長と細胞の変化

細胞分裂（さいぼうぶんれつ）

©2021 Disney

2年  雲のでき方と水蒸気

飽和水蒸気量（ほうわすいじょうきりょう）

©2021 Disney

解説
飽和水蒸気量の単位は，g/m³。飽和水蒸気量は，気温が高いほど大きくなる。

細胞分裂のときに見られる図のAを何という？

401

精子の核と卵の核が合体することを何という？

406

タマネギの根がさかんに成長する部分はどこ？

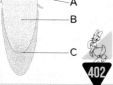

402

受精しないでなかまをふやすことを何という？

407

根や茎の先端近くにあり，細胞分裂がさかんな部分を何という？

403

受精してなかまをふやすことを何という？

408

細胞分裂の観察時に，タマネギの根の細胞をばらばらにするのに使う薬品は？

404

子孫を残すための卵や精子を何細胞という？

409

植物のからだの一部から，新しい個体ができることを何という？

405

花粉からのびるAの管を何という？

花粉 A

410

じゅせい
受精

解説
受精によって卵は受精卵になり，細胞分裂を行って胚になる。胚は細胞分裂をくり返して成長する。

せんしょくたい
染色体

A

む せいせいしょく
無性生殖

解説
無性生殖では，おもに親のからだの一部が分かれて，そのまま子になる。
分裂…単細胞生物のゾウリムシなどは，1つの個体が2つに分かれてふえる。
出芽…多細胞生物のヒドラは，からだの一部に突起ができて成長してふえる。

C

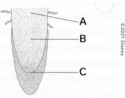

A
B
C

ゆうせいせいしょく
有性生殖

解説
雌雄の生殖細胞が受精してなかまをふやす。

せいちょうてん
成長点

せいしょくさいぼう
生殖細胞

うすい塩酸

か ふんかん
花粉管

花粉　A

えいようせいしょく
栄養生殖

花粉管の中を
移動する生殖細胞
Bを何という？

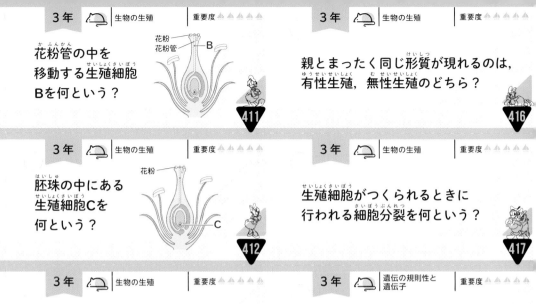

411

親とまったく同じ形質が現れるのは，
有性生殖，無性生殖のどちら？

416

胚珠の中にある
生殖細胞Cを
何という？

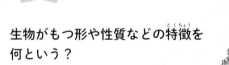

412

生殖細胞がつくられるときに
行われる細胞分裂を何という？

417

生物がもつ形や性質などの特徴を
何という？

413

種子の形の「丸」，「しわ」のように，
１つの個体に同時には現れない
２つの形質を何という？

418

親のもつ形質が子や孫などに伝わる
ことを何という？

414

生殖細胞ができるとき，対になってい
る遺伝子が分かれて別々の生殖
細胞に入ることを何という？

419

遺伝子の本体をアルファベット３文字
で表すと？

415

親の遺伝子が丸（AA），
しわ（aa）のとき，子の
代は丸，しわのどちら？
（ただし，丸が顕性形質）

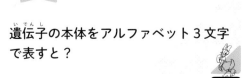

親
子
？

420

89

| 3年 | 生物の生殖 |

無性生殖
<small>む せい せいしょく</small>

| 3年 | 生物の生殖 |

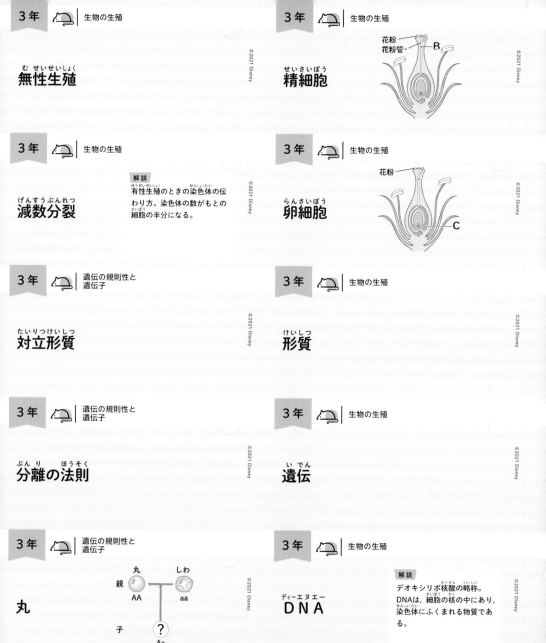

花粉
花粉管 —— B

精細胞
<small>せい さい ぼう</small>

| 3年 | 生物の生殖 |

減数分裂
<small>げん すう ぶん れつ</small>

解説
有性生殖のときの染色体の伝わり方。染色体の数がもとの細胞の半分になる。

| 3年 | 生物の生殖 |

花粉

卵細胞
<small>らん さい ぼう</small>

—— C

| 3年 | 遺伝の規則性と遺伝子 |

対立形質
<small>たい りつ けい しつ</small>

| 3年 | 遺伝の規則性と遺伝子 |

形質
<small>けい しつ</small>

| 3年 | 遺伝の規則性と遺伝子 |

分離の法則
<small>ぶん り ほう そく</small>

| 3年 | 生物の生殖 |

遺伝
<small>い でん</small>

| 3年 | 遺伝の規則性と遺伝子 |

丸   しわ

親

AA   aa

子

?

Aa

丸
<small>まる</small>

| 3年 | 生物の生殖 |

解説
デオキシリボ核酸の略称。DNAは、細胞の核の中にあり、染色体にふくまれる物質である。

ＤＮＡ
<small>ディーエヌエー</small>

90

対立形質をもつエンドウの
交配実験から，遺伝の規則性を
発見した人物は？

421

生物どうしの「食べる・食べられる」
という食物によるつながりを
何という？

426

生物が共通の祖先から長い年月を
かけて，しだいに変化していく
ことを何という？

422

「食べる・食べられる」のつながりで，
生物の個体数が多いのは
「食べる」「食べられる」のどちら？

427

図のように，起源が
同じだと考えられる
器官を何という？

カエルの前あし　ハトの翼

423

生物どうしの網の目のような
食物によるつながりを
何という？

428

始祖鳥は鳥類と何類の中間の動物だっ
たと考えられる？

424

食物連鎖の出発点の生物は何？

429

ある地域に生息するすべての生物と
環境をひとつのまとまりとして
とらえたものを何という？

425

光合成によって，無機物から有機物を
つくる生物を，そのはたらきから
何という？

430

食物連鎖
しょくもつれんさ

メンデル

食べられる

進化

食物網
しょくもつもう

相同器官
そうどうきかん

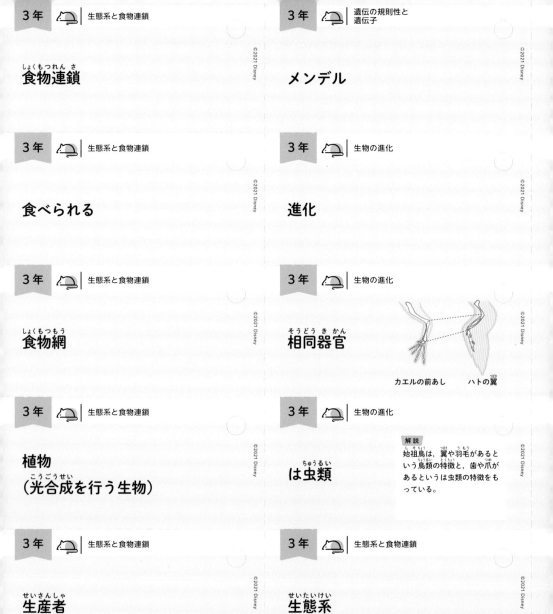

カエルの前あし　　ハトの翼
つばさ

植物
（光合成を行う生物）
こうごうせい

は虫類
ちゅうるい

解説
始祖鳥は，翼や羽毛があると
しそちょう　つばさ　うもう
いう鳥類の特徴と，歯や爪が
ちょうるい　とくちょう　つめ
あるというは虫類の特徴をも
っている。

生産者
せいさんしゃ

生態系
せいたいけい

植物やほかの動物を食べて，
有機物をとり入れている生物を
そのはたらきから何という？

431

きれいな水に生息する水生生物は，
A〜Cのどれ？
Aヒメタニシ　Bサワガニ　Cミズムシ

436

生物の死がいなどの有機物を，
無機物に分解する生物を
そのはたらきから何という？

432

もともとその地域にいなかった生物で，
人間によってもちこまれ，
野生化したものを何という？

437

カビやキノコのなかまを何という？

433

化石燃料の使用で，大気中に増加する
気体は？

438

菌類は何によってふえる？

434

大気中の二酸化炭素の増加で，
地球の平均気温はどうなる？

439

乳酸菌や納豆菌のなかまを
何という？

435

地球温暖化によって，海水面は
どうなる？

440

3年  自然と環境

B サワガニ

3年 生態系と食物連鎖

しょう ひ しゃ
消費者

3年 自然と環境

がいらいしゅ
外来種（外来生物）

3年 生態系と食物連鎖

ぶんかいしゃ
分解者

解説
〈分解者の食物連鎖（しょくもつれんさ）〉
ミミズ・ダンゴムシ…かれ葉や生物
の死がい，動物の排出物を食べる。
ムカデ・オサムシ…ミミズをムカデ
が食べ，ムカデをオサムシが食べる。

3年 自然と環境

二酸化炭素

解説
化石燃料の大量使用のほか，
開発などによる熱帯雨林の減
少も，大気中の二酸化炭素濃
度増加の原因になっている。

3年 生態系と食物連鎖

きんるい
菌類

3年 自然と環境

じょうしょう
上昇する（高くなる）

解説
二酸化炭素には温室効果があるため，平均気温が上昇し，地
球の温暖化が進んでいる。

3年 生態系と食物連鎖

ほう し
胞子

3年 自然と環境

じょうしょう
上昇する（高くなる）

解説
地球温暖化によって，氷河の雪や氷がとけることなどが原因で，
海水面が上昇する。

3年 生態系と食物連鎖

さいきんるい
細菌類

解説
土中には，細菌類や菌類など
の微生物が存在している。
細菌類は，分裂によってふえ
る単細胞生物。

94

3年	人間と自然環境	重要度 ⚓⚓⚓

自然界では分解されにくいものは,
A〜Cのどれ？
A 綿　　B プラスチック　　C 絹

441

3年	水溶液とイオン	重要度 ⚓⚓⚓

塩酸の電気分解で
陽極に発生する気体は何？

446

3年	人間と自然環境	重要度 ⚓⚓⚓

オゾン層の破壊につながるものは,
A〜Cのどれ？
A 酸素　　B フロン類　　C 窒素

442

3年	水溶液とイオン	重要度 ⚓⚓⚓

塩酸の電気分解で
陰極に発生する気体は何？

447

3年	人間と自然環境	重要度 ⚓⚓⚓

太陽エネルギーのように,
いつまでも利用できるエネルギーを
何という？

443

3年	水溶液とイオン	重要度 ⚓⚓⚓

塩酸の電気分解を
化学反応式で表すと？

448

3年	水溶液とイオン	重要度 ⚓⚓⚓

水にとかしたときに,
電流が流れる物質を
何という？

444

3年	水溶液とイオン	重要度 ⚓⚓⚓

塩化銅水溶液を電気分解したとき,
塩素が発生するのは何極？

449

3年	水溶液とイオン	重要度 ⚓⚓⚓

電解質の物質はどちら？
A 水酸化ナトリウム
B 砂糖

445

3年	水溶液とイオン	重要度 ⚓⚓⚓

塩化銅水溶液を電気分解したとき,
銅が付着するのは何極？

450

3年 水溶液とイオン

塩素

解説
陽極付近では，プールを消毒したときのような刺激臭があり，また，陽極付近の水溶液には漂白作用があることから，塩素だとわかる。

 3年 水溶液とイオン

水素

解説
発生した気体には，燃える性質があることから，水素だとわかる。

 3年 水溶液とイオン

$$2HCl \longrightarrow H_2 + Cl_2$$

 3年 水溶液とイオン

ようきょく
陽極

 3年 水溶液とイオン

いんきょく
陰極

3年 人間と自然環境

B プラスチック

解説
プラスチックは，石油などから人工的に合成された高分子化合物とよばれるものの1つで，自然界では，分解されない。

3年 人間と自然環境

B フロン類

解説
フロン類は，オゾン層のオゾンを破壊する。これにより，オゾンの量が減ったり，オゾンホールができたりすると，生物に影響がある紫外線が地上に達する量が増加する。

3年 人間と自然環境

再生可能エネルギー

解説
再生可能なエネルギー資源には，太陽光，風力，地熱，バイオマスなどがある。

 3年 水溶液とイオン

でんかいしつ
電解質

解説
水にとかしたとき，電流が流れない物質は非電解質。エタノール，砂糖などは，水にとかしても電流が流れない，非電解質である。

 3年 水溶液とイオン

A 水酸化ナトリウム

塩化銅水溶液の電気分解を
化学反応式で表すと？

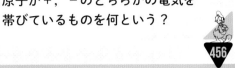

451

原子が＋, －のどちらかの電気を
帯びているものを何という？

456

原子の中心に
あるAを
何という？

A

452

＋の電気を帯びたイオンを
何という？

457

原子核をつくる＋の
電気をもった粒子
Bを何という？

B

453

－の電気を帯びたイオンを
何という？

458

原子をつくる－の
電気をもった粒子
Cを何という？

C

454

次の陽イオンを化学式で表すと？
❶ 水素イオン
❷ ナトリウムイオン

459

原子核をつくる
電気をもたない
粒子Dを何という？

D

455

次の陽イオンを化学式で表すと？
❶ カリウムイオン　　❷ 銅イオン

460

イオン

$CuCl_2 \longrightarrow Cu + Cl_2$

陽_{よう}イオン

陽イオン

原子核（げんしかく）

陰（いん）イオン

陽子（ようし）

❶ H^+

❷ Na^+

電子（でんし）

❶ K^+

❷ Cu^{2+}

中性子（ちゅうせいし）

解説

多くの元素には、陽子（ようし）の数が同じでも、中性子の数がちがう原子が存在する。このような原子どうしを同位体（どういたい）という。

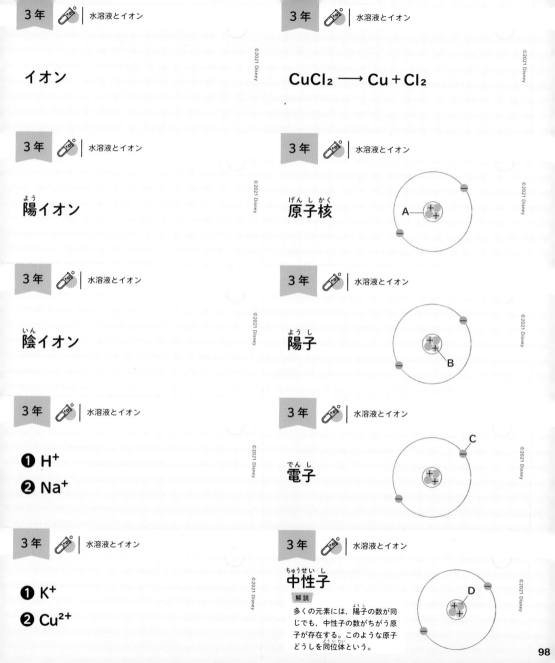

次の陰イオンを化学式で表すと？
❶ 塩化物イオン
❷ 水酸化物イオン

461

次の陰イオンを化学式で表すと？
❶ 硫酸イオン
❷ 硝酸イオン

462

電解質が水にとけて陽イオンと
陰イオンに分かれることを
何という？

463

塩酸の電離で，アに入る化学式は？
HCl ⟶ （ア） + Cl⁻

464

塩化銅の電離で，アに入る
化学式は？
CuCl₂ ⟶ Cu²⁺ + （ア）

465

塩化ナトリウムの電離で，
アに入る化学式は？
NaCl ⟶ Na⁺ + （ア）

466

A～Cで，最もイオンになりやすい
金属はどれ？
A 銀　　B 鉄　　C マグネシウム

467

硫酸亜鉛水溶液と硫酸銅水溶液を
用いたダニエル電池で，＋極に
なるのは亜鉛板と銅板のどちら？

468

燃料電池では，何と何が
結びつくときの化学変化を
利用している？

469

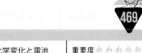

燃料電池から電流をとり出すときに
発生する物質は？

470

3年 水溶液とイオン	3年 水溶液とイオン

Cl^-

❶ Cl^-
❷ OH^-

©2021 Disney

3年 水溶液とイオン

C マグネシウム

解説
・おもな金属のイオンのなりやすさのちがい(Hは金属でない)

$Na > Mg > Zn > Fe > (H) > Cu > Ag$

陽イオンに
なりやすい

3年 水溶液とイオン

❶ $SO_4{}^{2-}$
❷ $NO_3{}^-$

©2021 Disney

3年 化学変化と電池

銅板

解説
亜鉛は銅に比べて陽イオンになりやすい。ダニエル電池では，より陽イオンになりやすい亜鉛原子が電子を失い，亜鉛イオンになってとけ出す。亜鉛板に残った電子は導線を通って銅板へ移動するので，銅板が＋極となる。

3年 水溶液とイオン

電離

©2021 Disney

3年 化学変化と電池

水素と酸素(順不同)

3年 水溶液とイオン

H^+

©2021 Disney

3年 化学変化と電池

水

解説
燃料電池は，水の電気分解とは逆の化学変化を利用している。水素と酸素が結びつくと水が発生して，電気エネルギーがとり出せる。

3年 水溶液とイオン

$2Cl^-$

©2021 Disney

10

| 3年 | 化学変化と電池 | 重要度 ⚓⚓ ⚓⚓ |

燃料電池で起きている化学変化を
化学反応式で表すと？

471

| 3年 | 酸, アルカリ | 重要度 ⚓⚓ ⚓⚓ |

次の水溶液で酸性の水溶液はどちら？
A 水酸化ナトリウム水溶液
B 塩酸

476

| 3年 | 酸, アルカリ | 重要度 ⚓⚓ ⚓⚓ |

水溶液にしたとき，水素イオン(H^+)
を生じる化合物を何という？

472

| 3年 | 酸, アルカリ | 重要度 ⚓⚓ ⚓⚓ |

次の水溶液でアルカリ性の水溶液は
どちら？
A 硫酸　B 水酸化ナトリウム水溶液

477

| 3年 | 酸, アルカリ | 重要度 ⚓⚓ ⚓⚓ |

水溶液にしたとき，水酸化物イオン
(OH^-)を生じる化合物を何という？

473

| 3年 | 酸, アルカリ | 重要度 ⚓⚓ ⚓⚓ |

酸性の水溶液は，ＢＴＢ溶液を
緑色から何色に変える？

478

| 3年 | 酸, アルカリ | 重要度 ⚓⚓ ⚓⚓ |

酸性の水溶液は青色リトマス紙を
何色に変える？

474

| 3年 | 酸, アルカリ | 重要度 ⚓⚓ ⚓⚓ |

アルカリ性の水溶液は，ＢＴＢ溶液を
緑色から何色に変える？

479

| 3年 | 酸, アルカリ | 重要度 ⚓⚓ ⚓⚓ |

赤色のリトマス紙が変化するのはどちら？
A 酸性の水溶液
B アルカリ性の水溶液

475

| 3年 | 酸, アルカリ | 重要度 ⚓⚓ ⚓⚓ |

酸，アルカリの強さを表す値を
何という？

480

B 塩酸

$$2H_2 + O_2 \longrightarrow 2H_2O$$

B 水酸化ナトリウム水溶液

酸

黄色

アルカリ

青色

赤色

解説
青色のリトマス紙は酸性の水溶液につけると赤色に変化する。中性，アルカリ性の水溶液に青色のリトマス紙をつけても，色は変化しない。

pH（ピーエイチ）

B アルカリ性の水溶液

解説
酸性の水溶液→青色のリトマス紙が赤色に変化。
中性の水溶液→青色・赤色のリトマス紙のどちらも変化しない。
アルカリ性の水溶液→赤色のリトマス紙が青色に変化。

3年 酸, アルカリ	重要度 ⛵⛵⛵⛵

pHの値が7より小さい水溶液は
酸性,アルカリ性のどちら？

481

3年 酸, アルカリ	重要度 ⛵⛵⛵⛵

水酸化ナトリウム水溶液に
マグネシウムリボンを入れると
気体は発生する？

486

3年 酸, アルカリ	重要度 ⛵⛵⛵⛵

pHの値が7より大きい水溶液は
酸性,アルカリ性のどちら？

482

3年 酸, アルカリと塩	重要度 ⛵⛵⛵⛵

酸とアルカリがたがいの性質を
打ち消し合う反応を
何という？

487

3年 酸, アルカリ	重要度 ⛵⛵⛵⛵

pHの値が7のとき,水溶液は何性？

483

3年 酸, アルカリと塩	重要度

中和の反応を化学式で表すと？

488

3年 酸, アルカリ	重要度 ⛵⛵⛵⛵

フェノールフタレイン溶液を
アルカリ性の水溶液中に加えると,
何色になる？

484

3年 酸, アルカリと塩	重要度 ⛵⛵⛵⛵

アルカリの陽イオンと酸の
陰イオンが結びついてできた
物質を何という？

489

3年 酸, アルカリ	重要度 ⛵⛵⛵⛵

塩酸にマグネシウムリボンを入れると
発生する気体は？

485

3年 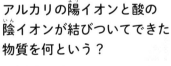 酸, アルカリと塩	重要度 ⛵⛵⛵⛵

うすい塩酸と水酸化ナトリウム水溶液
の中和で,生じる塩を何という？

490

3年 酸, アルカリ

発生しない

解説
水酸化ナトリウム水溶液などのアルカリ性の水溶液にマグネシウムリボンを入れても、気体は発生しない。

3年 酸, アルカリ

酸性

3年 酸, アルカリと塩

ちゅう わ
中和

3年 酸, アルカリ

アルカリ性

3年 酸, アルカリと塩

$H^+ + OH^- \longrightarrow H_2O$

3年 酸, アルカリ

中性

3年 酸, アルカリと塩

えん
塩

3年 酸, アルカリ

赤色

解説
フェノールフタレイン溶液は、中性、酸性の水溶液では無色のままだが、アルカリ性の水溶液に入れると赤色になる。

3年 酸, アルカリと塩

塩化ナトリウム

解説

$$\underset{\text{塩酸}}{HCl} + \underset{\substack{\text{水酸化}\\\text{ナトリウム}}}{NaOH} \xrightarrow{\text{中和}} \underset{\substack{\text{塩化}\\\text{ナトリウム}}}{NaCl} + \underset{\text{水}}{H_2O}$$

3年 酸, アルカリ

水素

解説
マグネシウムリボンを塩酸などの酸性の水溶液に入れると、水素が発生する。

3年	酸, アルカリと塩	重要度 ⛵⛵⛵⛵

うすい硫酸と水酸化バリウム水溶液の
中和で, 生じる塩を何という？

491

3年	力のつり合いと合成・分解	重要度 ⛵⛵⛵

2つの力を同じはたらきをする
1つの力に合わせることを
何という？

492

3年	力のつり合いと合成・分解	重要度 ⛵⛵⛵⛵

一直線上にない2力の合力は,
2つの力を2辺とする平行四辺形の
何で表される？

493

3年	力のつり合いと合成・分解	重要度 ⛵⛵

1つの力を, 同じはたらきをする
2つの力に分解してできた力を
何という？

494

3年	力のつり合いと合成・分解	重要度 ⛵⛵⛵⛵

3力がつり合うとき, 3力のうちの
2力の合力の大きさと, 残りの
1つの力の大きさとの関係は？

495

3年	物体の運動	重要度 ⛵⛵⛵⛵

物体が一定時間に移動する距離で
表されるものは何？

496

3年	物体の運動	重要度 ⛵⛵⛵⛵

速さ〔m/s〕を求める式は？

497

3年	物体の運動	重要度 ⛵⛵⛵

静止している物体が,
鉛直下向きに落下するときの運動を
何という？

498

3年	物体の運動	重要度 ⛵⛵⛵⛵

一定の速さで, 一直線上を
まっすぐに進む運動を
何という？

499

3年	物体の運動	重要度 ⛵⛵⛵⛵

等速直線運動では, 移動距離は時間に
比例するか, 反比例するか？

500

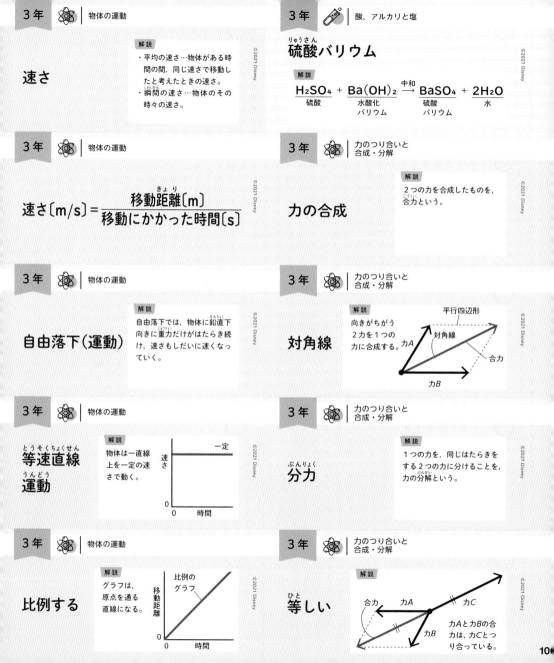

3年 🔬 物体の運動	**3年** 🧪 酸，アルカリと塩
速さ	りゅうさん **硫酸バリウム**
【解説】 ・平均の速さ…物体がある時間の間，同じ速さで移動したと考えたときの速さ。 ・瞬間の速さ…物体のその時々の速さ。	【解説】 $$H_2SO_4 + Ba(OH)_2 \xrightarrow{\text{中和}} BaSO_4 + 2H_2O$$ 硫酸　　水酸化　　　　硫酸　　水 　　　バリウム　　　バリウム

©2021 Disney

3年 🔬 物体の運動

$$速さ〔m/s〕 = \frac{移動距離〔m〕}{移動にかかった時間〔s〕}$$

©2021 Disney

3年 🔬 力のつり合いと合成・分解

力の合成

【解説】
2つの力を合成したものを，合力という。

©2021 Disney

3年 🔬 物体の運動

自由落下（運動）

【解説】
自由落下では，物体に鉛直下向きに重力だけがはたらき続け，速さもしだいに速くなっていく。

©2021 Disney

3年 🔬 力のつり合いと合成・分解

対角線

【解説】
向きがちがう2力を1つの力に合成する。

平行四辺形
対角線
力A
合力
力B

©2021 Disney

3年 🔬 物体の運動

とうそくちょくせん
等速直線
うんどう
運動

【解説】
物体は一直線上を一定の速さで動く。

（グラフ：縦軸 速さ，横軸 時間，一定の水平線）

©2021 Disney

3年 🔬 力のつり合いと合成・分解

ぶんりょく
分力

【解説】
1つの力を，同じはたらきをする2つの力に分けることを，力の分解という。

©2021 Disney

3年 🔬 物体の運動

比例する

【解説】
グラフは，原点を通る直線になる。

（グラフ：縦軸 移動距離，横軸 時間，比例のグラフ）

©2021 Disney

3年 🔬 力のつり合いと合成・分解

ひと
等しい

【解説】

合力　力A　力C
力B

力Aと力Bの合力は，力Cとつり合っている。

©2021 Disney

106

3年	物体の運動	重要度

静止している物体は静止を続け,
運動している物体は等速直線運動を
続ける法則を何という？

501

3年	水圧と浮力	重要度

水中の物体にはたらく
上向きの力を何という？

506

3年	物体の運動	重要度

物体がほかの物体に力を加えたとき,
物体の間で対になってはたらく力を
何という？

502

3年	水圧と浮力	重要度

全体が水中にある物体にはたらく
浮力の大きさは，物体が深く
沈むほどどうなる？

507

3年	水圧と浮力	重要度

水の重さによって生じる圧力のことを
何という？

503

3年	水圧と浮力	重要度

ばねばかりにつるした物体を
水中に沈めると，ばねばかりが
示す値はどうなる？

508

3年	水圧と浮力	重要度

水の深さが深いほど，水圧はどう
なる？

504

3年	エネルギーと仕事	重要度

運動している物体がもつ
エネルギーを何という？

509

3年	水圧と浮力	重要度

水圧のはたらく向きは，下向き,
上向き，あらゆる向きのどれ？

505

3年	エネルギーと仕事	重要度

高いところにある物体がもつ
エネルギーを何という？

510

3年  水圧と浮力

浮力
_{ふ りょく}

3年 物体の運動

慣性の法則
_{かんせい}

3年 水圧と浮力

変わらない
（大きくなら
ない）

解説
浮力は物体の深さには関係な
く，一定である。

3年 物体の運動

作用・反作用
_{さ よう} _{はん さ よう}

解説
物体Aが物体Bに力を加える
と，物体Aは物体Bから同じ
大きさで，反対向きの力を受
ける。

3年 水圧と浮力

小さくなる
（軽くなる）

解説
浮力の分だけ，ばねばかりが
示す値は小さくなる。

3年 水圧と浮力

水圧
_{すいあつ}

3年 エネルギーと仕事

運動エネルギー

3年 水圧と浮力

解説
ある深さの水圧は，その上に
ある水の重力によって生じる
ため，水の深さが深いほど水
圧は大きくなる。
同じ深さでは，向きに関係な
く水圧の大きさは同じ。

大きくなる

3年 エネルギーと仕事

位置エネルギー

3年 水圧と浮力

あらゆる向き

10

位置エネルギーと運動エネルギーの
和を何という？

511

仕事の大きさを求める式で，アに入る
ものは何？

仕事＝（ア）×力の向きに動いた距離
〔J〕　　　　　　　　　　　　　〔m〕

516

物体のもつ力学的エネルギーが，
一定に保たれることを
何という？

512

8 Nの物体を 2 mの高さまで
持ち上げたときの
仕事は何 J？

517

物体に力を加え，力の向きに
動かしたとき，物体に対して
何をしたという？

513

1 秒あたりの仕事の量を何という？

518

仕事の大きさを表す単位は？

514

仕事率の単位は？

519

道具を使っても使わなくても，
仕事の大きさが変わらないことを
何の原理という？

515

仕事率を求める式で，
アに入るものは？

仕事率〔W〕＝仕事〔J〕÷（ア）

520

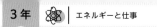

力の大きさ〔N〕

りきがくてき
力学的エネルギー

16 J
ジュール

解説
8 N〔ニュートン〕 ×2m＝16J

りきがくてき
力学的エネルギーの保存
（力学的エネルギー保存の法則）

し ごとりつ
仕事率

解説
仕事率〔W〕
$= \dfrac{仕事〔J〕}{仕事にかかった時間〔s〕}$
で求められる。

し ごと
仕事

解説
物体に力を加えても、その力
の向きに物体が動かなければ,
仕事をしたとはいえない。仕
事の大きさは「0」になる。

ワット（W）

ジュール（J）

し ごと
仕事にかかった時間〔s〕

し ごと
仕事の原理

エネルギーが移り変わっても，
エネルギーの総量は変化しない
ことを何という？

521

石油，石炭，天然ガスなどの燃料を
何という？

526

エネルギーの単位は？

522

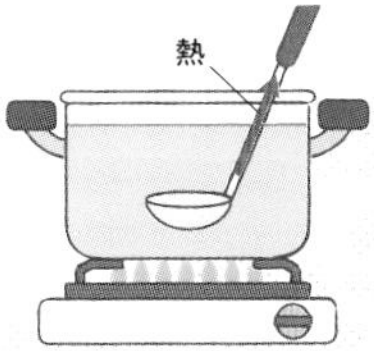

核分裂のエネルギーを利用して
発電する方法を何という？

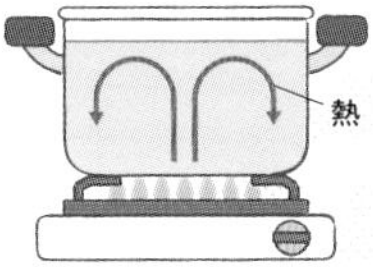

527

図のような
熱の伝わり方を
何という？

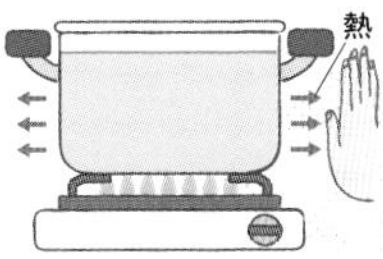

熱

523

核分裂などで生み出される，高い
エネルギーをもった粒子や電磁波の
流れを何という？

528

図のような
熱の伝わり方を
何という？

熱

524

放射性物質が放射線を出す能力を
何という？

529

図のような
熱の伝わり方を
何という？

熱

525

太陽の光で発電する方法を
何という？

530

化石燃料
（か せき ねん りょう）

エネルギーの保存（の法則）

解説
エネルギーには，電気エネルギー，光エネルギー，化学エネルギー，音のエネルギー，弾性（だんせい）エネルギーなどがある。

原子力発電

ジュール（ J ）

放射線
（ほうしゃせん）

解説
放射線は，人体に影響（えいきょう）を与（あた）えるため，とりあつかいには十分な注意が必要である。放射性物質は，自然界にも存在しているが，さらされる量はわずかである。

（熱）伝導
（ねつ）（でんどう）

放射能
（ほうしゃのう）

対流
（たいりゅう）

太陽光発電

解説
太陽光発電，風力発電は自然の力を利用しているため，自然に左右される問題点がある。

（熱）放射
（ねつ）（ほうしゃ）

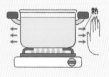

| 3年 エネルギー資源の利用 | 重要度 ⚓⚓⚓ | 3年 地球の動きと天体の動き | 重要度 ⚓⚓⚓ |

531
発電で発生する余分な熱を，温水や給湯などに効率的に利用するしくみを何という？

536
天体が真南にきたときの高度を何という？

532
資源の効率的な利用のひとつとして3Rがあるが，リユースとはどんなことか？

537
A ～ Cは，春分・秋分，夏至，冬至のどの太陽の動き？

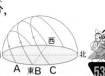

533
消費電力が少なく，信号機などの光源に使われているものはA，Bのどちら？
A 白熱電球　　　B LED

538
地球の北極と南極を結ぶ軸を何という？

534
2015年の国連サミットで採択された「持続可能な開発目標」は，略して何とよばれる？

539
地軸を中心に，地球が回転することを何という？

535
天体が真南にくることを何という？

540
地球の地軸は，公転面に垂直な方向に対して何度傾いている？

南中高度

コージェネレーション（システム）

3年 地球の動きと天体の動き

A 冬至
B 春分・秋分
C 夏至

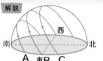

解説
太陽は、冬至に最も南より、夏至に最も北よりを通る。

3年 エネルギー資源の利用

再使用すること

解説
3Rとは、「Reduce」（リデュース）ごみの発生をおさえる。
「Recycle」（リサイクル）ごみを再生利用する。
「Reuse」（リユース）再使用する。

3年 地球の動きと天体の動き

地軸

3年 科学技術の発展

解説
LED（発光ダイオード）を使うと、電気エネルギーを有効に使える。

B LED

3年 地球の動きと天体の動き

自転

解説
地球は、北極の上空から見て、反時計回り（西から東）に、1日に1回転している。

3年 科学技術の発展

SDGs

解説
SDGsは、自然環境の保護、持続可能な消費や生産、気候変動対策など、持続可能な社会をつくるための17の目標である。

3年 地球の動きと天体の動き

23.4°

解説
地球が地軸を傾けたまま、太陽のまわりを公転しているため、季節によって太陽の南中高度や昼の長さが変化する。

3年 地球の動きと天体の動き

南中

解説
太陽は正午ごろに南中する。

地球の自転の向きは北極の上空から見て，時計回り，反時計回りのどちら？

541

図はどの方角の空の星の動きか？

546

天球上の，太陽の見かけの通り道を何という？

542

図はどの方角の空の星の動きか？

547

地球が太陽のまわりを回る運動を何という？

543

図はどの方角の空の星の動きか？

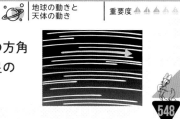

548

同じ時刻に見える星座は，1か月で何度動いて見える？

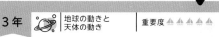

544

図はどの方角の空の星の動きか？

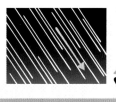

549

北の空の星は，何という星を中心にして回転しているように見える？

545

星は1時間に何度動いて見える？

550

北の空

星の動き

反時計回り

東の空

星の動き

黄道（こうどう）

解説
天球（てんきゅう）とは，空全体を地球を中心とした丸い天井と考えたもの。天体はその球面上を動いているように見える。地球の公転（こうてん）によって太陽は，天球上の黄道（こうどう）上を，西から東へ1年に1周するように見える。

南の空

星の動き

（地球の）公転（こうてん）

解説
地球は，1日に1回自転（じてん）しながら，太陽のまわりを1年に1回公転（こうてん）している。

西の空

星の動き

$30°$

解説
地球は，太陽のまわりを1年に1回（$360°$）公転（こうてん）しているので，1か月では，$360° ÷ 12 = 30°$より，約$30°$回転する。よって，1か月後の同じ時刻には，約$30°$西へ動いて見える。

$15°$

解説
地球は，1日に1回自転しているため，星は約1日で東から西へ1回転して見える。よって1時間では，$360° ÷ 24 = 15°$回転して見える。

北極星（ほっきょくせい）

解説
北の空の星は，北極星（ほっきょくせい）を中心に，反時計回りに回転しているように見える。

ある星が南中する時刻は，
1か月で何時間ずつ早くなる？

551

小型で表面が岩石でできている，
水星，金星，地球，火星のような
惑星を何という？

556

太陽を中心とする天体の
集まりを何という？

552

自ら光を出さず，惑星のまわりを
公転している天体を
何という？

557

太陽をふくむたくさんの恒星からなる
うずを巻いた大集団を何という？

553

火星と木星の軌道の間に
たくさんある，岩石でできた天体を
何という？

558

自ら光を出す天体を何という？

554

氷と細かなちりなどからできている，
ほうき星ともよばれる天体を
何という？

559

太陽のまわりを公転している
天体（地球や金星など）を
何という？

555

太陽の表面の黒い斑点のように
見える部分を何という？

560

地球型惑星（わくせい）

解説
木星，土星，天王星，海王星は，大型で，気体などでできているため，密度が小さい。これらを木星型惑星という。

©2021 Disney

2時間

解説
ある星が南中（なんちゅう）する時刻は，毎日少しずつ早くなり，1年でもとの時刻に戻る。1年は12か月だから，24時間÷12＝2時間より，1か月では2時間ずつ早くなる。

©2021 Disney

衛星（えいせい）

解説
地球の衛星は月。地球のまわりを約1か月かけて公転（こうてん）している。

©2021 Disney

太陽系

©2021 Disney

小惑星（しょうわくせい）

©2021 Disney

銀河系（ぎんがけい）

解説
銀河系は，うずを巻いた円盤（えんばん）状の形をしている。地球から見た銀河系のすがたが「天の川（あまがわ）」。

©2021 Disney

すい星（せい）

解説
すい星は，細長いだ円軌道（きどう）で公転（こうてん）し，太陽に近づくと長い尾を引く。

©2021 Disney

恒星（こうせい）

解説
星座をつくる星や，太陽のように自ら光っている星を，恒星という。

©2021 Disney

黒点（こくてん）

解説
黒点は周囲より温度が低いため，黒く見える。

©2021 Disney

惑星（わくせい）

解説
太陽系には，太陽に近い順に，水星，金星，地球，火星，木星，土星，天王星（てんのうせい），海王星（かいおうせい）の8個の惑星がある。

©2021 Disney